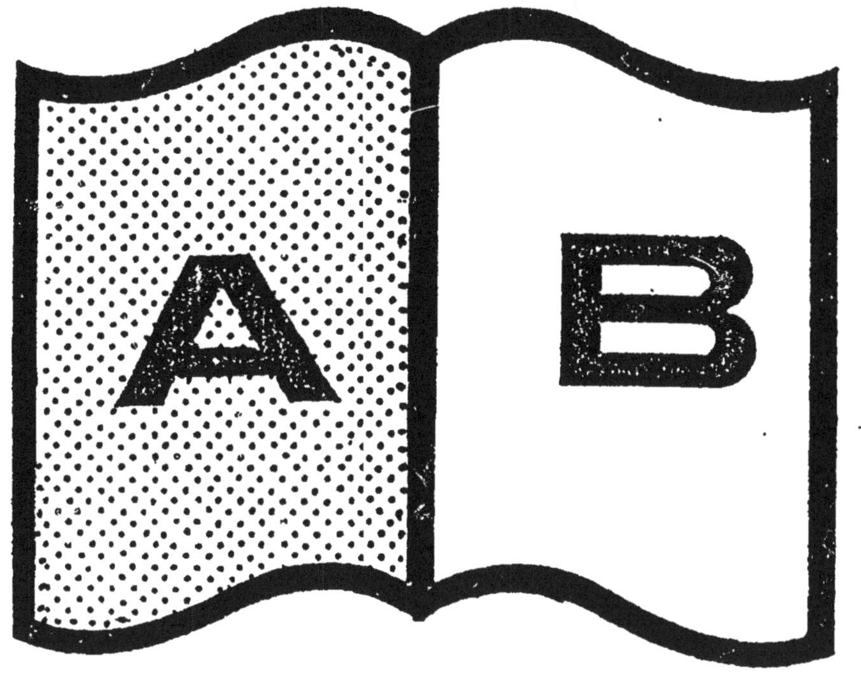

Contraste insuffisant des couvertures
supérieure et inférieure

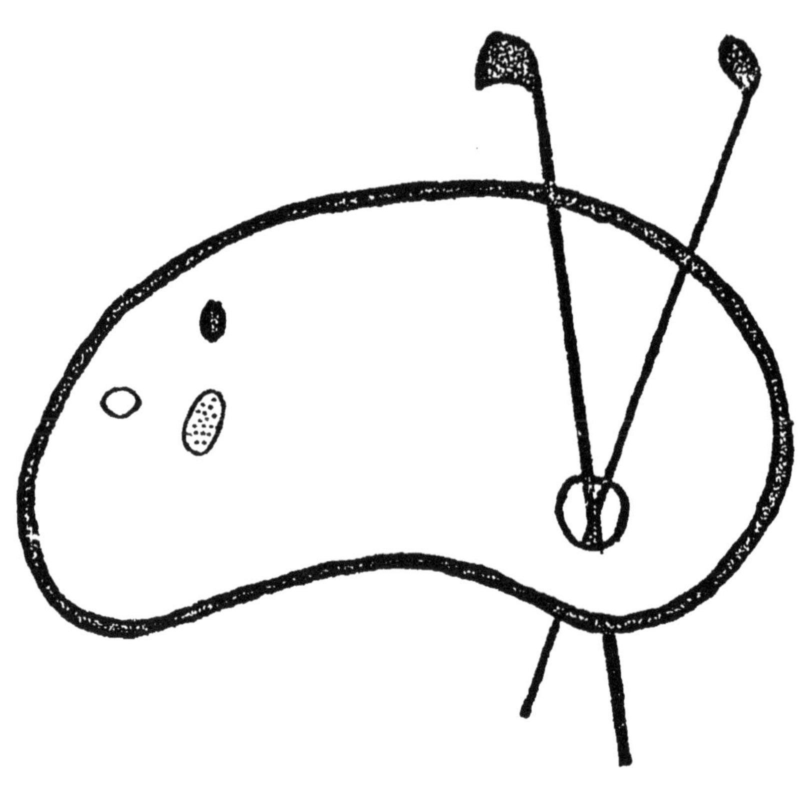

DEBUT D'UNE SERIE DE DOCUMENTS
EN COULEUR

LE BON

VARLET DE CHIENS

PARIS

CABINET DE VÉNERIE

M DCCC LXXXI

LE CABINET DE VÉNERIE

PETITE BIBLIOTHÈQUE DU CHASSEUR

Tirage à 3oo exemplaires sur papier de Hollande, — 2o sur papier de Chine, — 2o sur papier Whatman. Tous les exemplaires sont numérotés.

Chasseur et bibliophile sont deux qualités qui ne s'excluent nullement, et plus d'une main experte au rude exercice de la chasse sait manier un livre élégant et précieux avec la délicatesse à laquelle on reconnaît le véritable amateur. Nous avons donc voulu réunir, pour les chasseurs bibliophiles, sous le titre de *Cabinet de vénerie*, les plus anciens livres de chasse en prose et en vers, qui remontent à l'origine de la littérature cynégétique, et divers petits ouvrages du XVIe et du XVIIe siècle qui concernent chacun une espece de chasse particulière, et qui peuvent être considérés, par cela même, comme plus techniques et plus pratiques à la fois.

Sous la direction de M. PAUL LACROIX, et avec la collaboration de M. ERNEST JULLIEN, à la disposition de qui M. Alfred Werlé a bien voulu mettre sa riche bibliothèque, le *Cabinet de vénerie* ne peut manquer de rencontrer un accueil favorable chez les amis de la chasse et des livres.

EN VENTE

Discours de l'antagonie du chien et du lièvre, par Jehan du Bec (XVIe siècle) . . . . 6 fr.

La Chasse du loup, par Jean de Clamorgan (XVIe siècle, ... 6 fr.

Sous presse : *Le Livre de l'art de faulconnerie et des chiens de chasse,* de Tardif (1492).

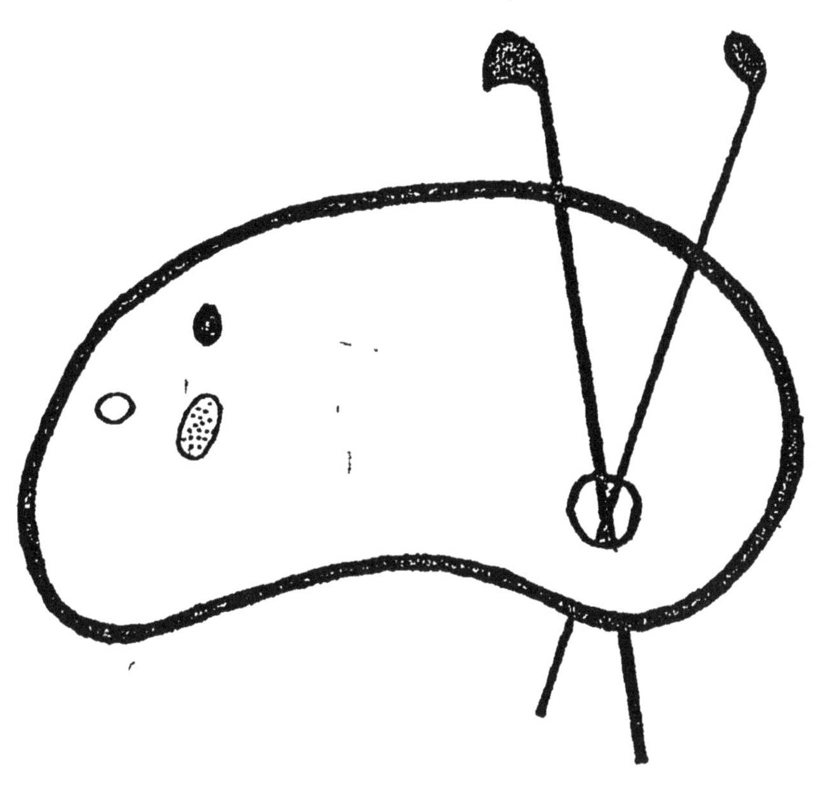

FIN D'UNE SERIE DE DOCUMENTS
EN COULEUR

CABINET DE VÉNERIE

PUBLIÉ

PAR E. JULLIEN ET PAUL LACROIX

III

LE BON

VARLET DE CHIENS

TIRAGE

3oo exemplaires sur papier de Hollande,

  20   —   sur papier de Chine,

  20   —   sur papier Whatman.

—————

34o exemplaires, numérotés.

N°

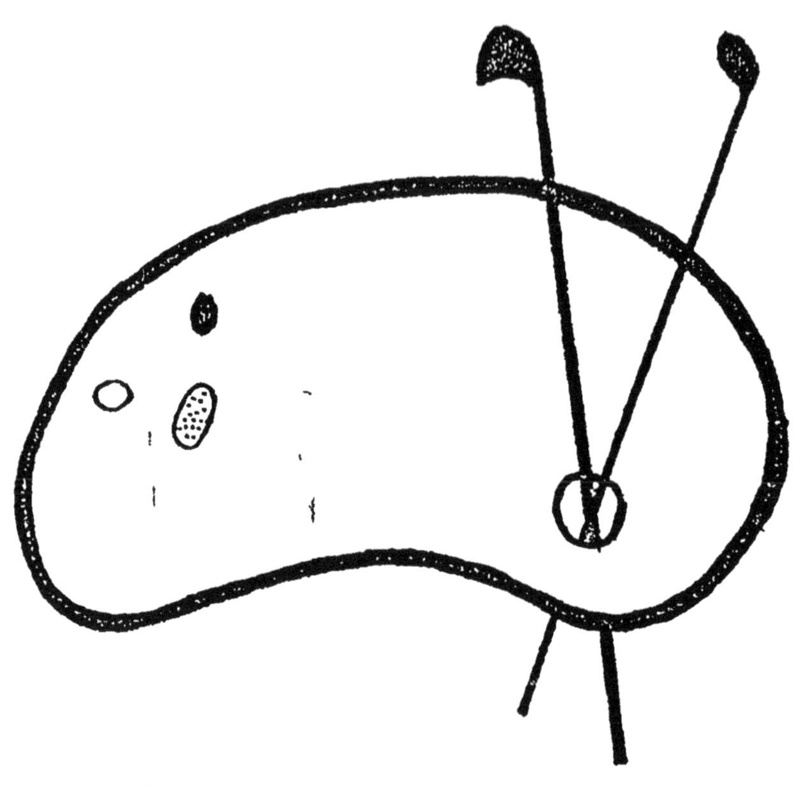

ORIGINAL EN COULEUR

LE BON
VARLET DE CHIENS

PUBLIÉ D'APRÈS LE TEXTE INÉDIT

D'UN MANUSCRIT

DE LA BIBLIOTHÈQUE DE L'ARSENAL

AVEC UNE

NOTICE PAR PAUL LACROIX

ET DES

NOTES PAR ERNEST JULLIEN

PARIS

LIBRAIRIE DES BIBLIOPHILES

Rue Saint-Honoré, 338

—

M DCCC LXXXI

NOTICE

CE petit livre de vénerie n'est pas un ouvrage absolument inédit, comme on pourrait le croire d'après le titre que nous lui avons donné ; c'est un simple extrait, combiné, arrangé et rajeuni, d'un ouvrage de chasse très connu et plus d'une fois réimprimé, le LIVRE DE CHASSE DE GASTON PHŒBUS. Nous avons tiré LE BON VARLET DE CHIENS d'un très joli manuscrit du XVIe siècle, provenant de la bibliothèque du marquis de Paulmy, et appartenant aujourd'hui à la Bibliothèque de l'Arsenal, où les Catalogues lui donnent pour titre : CHASSE DU CERF ET DU SANGLIER. Ce manuscrit ne porte aucun titre, et nous avons cru plus logique de lui en appliquer un, que nous fournissait la dernière phrase du texte et qui semble correspondre à l'intention de l'arrangeur anonyme de l'ancien texte.

Voici la description du manuscrit :

Petit in-8° de 70 feuillets vélin, dont les deux derniers blancs, écriture de la fin du XVe siècle ; titres des chapitres à l'encre rouge ; charmantes

a

petites miniatures en tête desdits chapitres; belle reliure du XVIe siècle, en bois couvert de maroquin brun, aux armes de Moreau de Brosse, en or, avec fermoirs de cuivre.

On trouve, en tête du volume : l'ex libris gravé de l'abbé Fauvel, avec ses armes; au-dessous, cette inscription : Bibliotheca D. Abbatis Fauvel.

Au dedans de la reliure, on lit cette inscription à la main : MORENE S. DAUTEUIL, 1614, n° 6, 21 mar. F.

Un des anciens propriétaires du manuscrit a mis sa signature à la fin du texte : CORVAU.

Au recto du folio 70, il y a ces quatre lignes, d'une écriture du XVIe siècle :

> A Dieu nous devons troys choses :
> C'est à scavoir: fidelité, reverance
> Et service, et reconnoissance,
> Seul et souverain Seigneur.

Au verso de ce feuillet 70, sont deux pièces de vers, un rondeau et un virelai, écriture de la fin du XVe siécle.

> C'est de bocain ou la Royne Marie :
> Qui auiourduy veult tenir loyaulté,
> Estre des bons et faire verité,
> N'en parles plus, ce n'est que mocquerie.
>
> Si vous voulez, gouvernez seigneurie,
> Fuyez raison, dont droicture, equité,
>   C'est de bocain.

Soyez trompeur et plain de flatterie,
Tournez souvant d'un et d'autre costé,
Et vous serez des princes escouté,
Car de vertus la fontaine est tarie :
        C'est de bocain.

——————

Ung roy doit estre liberal,
Aimer Dieu, raison et justice,
A ses subjects doulx et propice,
En tous ses faiz juste et leal.

De donner argent ou cheval,
Bagues, joyaulx, ou quelque office,
Un roy doit estre liberal.

Veritable en especial,
Croire conseil en sa police,
Les mauvais pugnir de leur vice,
Et à tous bon en general :
Un roy doit estre liberal.

Nous n'avons rien découvert sur l'auteur de ces vers, et nous n'oserions même pas faire de conjecture à cet égard, quoique le nom de la Royne Marie *semble se rapporter à la reine Marie d'Angleterre, fille de Henri VII, seconde femme de Louis XII, qui l'épousa le 9 octobre 1514, et qui mourut, moins de trois mois après son mariage (1ᵉʳ janvier 1515). Le manuscrit nous paraît antérieur de cinquante ans environ à la reliure, qui porte les armes de la famille Morcau de Brosse, laquelle était sans doute de la noblesse*

de Bourgogne, car nous ne l'avons trouvée men-
tionnée que par un seul héraldiste, Palliot (La
Vraye et Parfaite Science des Armoiries, édi-
tion de 1664, page 625) : « Moreau de Brosse
porte d'argent au chevron d'azur, accompagné de
trois testes de mores de sable, tortillées d'argent. »
On peut donc supposer que ce manuscrit a été fait
en Bourgogne.

Il est à peu près certain que le Bon Varlet de
Chiens n'a pas été extrait des éditions imprimées
du Livre de Chasse de Gaston, mais bien des
manuscrits de cet ouvrage célèbre . La première
édition, qui parut sous ce titre : Phœbus des De-
duiz de la Chasse des bestes saulvaiges et des
oyseaux de proye, est celle de Paris, Ant. Verard,
sans date (vers 1507), pet. in-fol. goth. Elle fut
réimprimée, vers la même époque, par Jehan Tre-
perel, pet. in-fol. goth., avec ce nouveau titre :
Myroire de Phœbus, des Deduiz de la Chasse
aux bestes saulvaiges, etc. Le texte de ces deux
premières éditions avoit subi un léger remaniement
grammatical et orthographique, qui le mettait plus
en rapport avec l'époque de l'impression, car les
manuscrits du Livre de chasse, composé en 1387
par Gaston Phœbus, comte de Foix, eussent offert
une lecture difficile et désagréable aux lecteurs de la
fin du XVe siècle. C'était, d'ailleurs, un usage gé-
néral de rajeunir la langue des vieux ouvrages que

l'imprimerie devait vulgariser, et les Chroniques de Froissard, par exemple, ne furent imprimées, vers ce temps-là, qu'avec des changements considérables dans la forme et dans le style.

Le rédacteur du Bon Varlet de Chiens *avait sans doute sous les yeux un ancien manuscrit du* Livre de Chasse de Gaston Phœbus, *puisque, tout en modifiant le texte des emprunts qu'il faisait à cet ouvrages, il a conservé des formes de langage et des mots vieillis, qui ne se trouvaient déjà plus dans les éditions primitives; ainsi, par exemple :* il puet, *au lieu de* il peult; tremois, *au lieu de* terrois; brisées, *au lieu de* bassées; affetté, *au lieu de* affaictié; poursuye, *au lieu de* poursuive; fustoyes, *au lieu de* fossoyes ; on, *au lieu de* au; davant, *au lieu de* devant; cerfs font pigasse, *au lieu de* cerfz sont pigassez; guiron, *au lieu de* gyron; l'embouchement, *au lieu de* l'embuschement; realler la contre ongle, *au lieu de* aller le contre ongle; poursuir, *au lieu de* poursuivir; assenez, *au lieu de* asseurs, etc.*

Nous avons seulement pris ces exemples dans les quatre premiers chapitres du Bon Varlet de Chiens, *pour demontrer d'une manière incontestable que le rédacteur de cet extrait ne s'est pas servi de la première édition de* Phœbus des Deduiz de la chasse, *et a reproduit le texte des manuscrits, en l'éclaircissant autant que possible et en lui laissant* toutefois quelques-uns des vieux mots qui étaient hors d'usage au moment de cette nouvelle rédaction.

Ce travail systématique du rédacteur, que nous ne regardons pas comme un lettré, ni même comme un bon grammairien, nous paraît assez intelligent, puisqu'il a donné un texte plus facile à lire et à comprendre que celui de la première édition du Livre de Chasse de Gaston Phœbus, et en même temps plus conforme aux manuscrits, qui étaient alors aussi répandus que les exemplaires imprimés. Il faut remarquer, en outre, que ces imprimés n'étaient pas aussi corrects que les manuscrits.

Le but que s'est proposé le rédacteur ou l'arrangeur du Bon Varlet de Chiens, en groupant par extraits différents chapitres de l'ouvrage de Gaston Phœbus, ressort du choix même de ces chapitres, qui par leur réunion forment un tout homogène, que les auteurs du Catalogue des manuscrits de la Bibliothèque de l'Arsenal avaient cru devoir caractériser en l'intitulant : Chasse du Cerf et du Sanglier. Cet arrangeur anonyme, qui a copié Gaston Phœbus avec aussi peu de scrupule que Gaston Phœbus avait copié le Livre du roy Modus et de la royne Racio, composé vers 1330 par un anonyme qu'on croit être Henri de Vergy, seigneur de Fère en Tardenois, s'est attaché à rassembler seulement les chapitres concernant l'office et les devoirs *des veneurs et surtout des valets de chiens, en laissant de coté la plus grande partie des chapitres relatifs à la chasse des bêtes sauvages, car, en dépit des promesses du titre de l'ouvrage imprimé, on n'y trouve aucun chapitre qui traite de la chasse des oiseaux de proie. Le* LIVRE DE CHASSE DE GASTON PHŒBUS *n'a pas moins de 85 chapitres! Celui du* BON VARLET DE CHIENS *n'en a que* 18. *Nous avons établi une concordance entre les chapitres de ce dernier ouvrage et ceux du* LIVRE DE CHASSE, *sans chercher à comparer les chapitres identiques ou analogues qui figurent dans les deux ouvrages.*

Chapitres du *Bon Varlet de Chiens.*	Chapitres du *Livre de Chasse*	
I	XXXII	
II	XXXIII	
III	XXXIV	
IV	XXXV	
V	XXVII	
VI	XXVIII	
VII	XXIX	
VIII	XXX	La première moitié.
IX	XXXIX	
X	XL	
XI	XLI	
XII	XXXVIII	
XIII	XXX	La seconde moitié.
XIV	XXXVII	
XV	XLII	
XVI	XXXIV	
XVII	XLIII	Première partie.
XVIII	XLIII	Deuxième partie.

Cette concordance des chapitres du Bon Varlet
de Chiens, *que l'arrangeur de cet extrait a em-
pruntés au* Livre de Chasse de Gaston Phœbus,
*accuse un plagiat que le plagiaire n'a pas même
essayé de déguiser, plagiat dont le comte de Foix
lui avait montré l'exemple; car le XL*e *chapitre du*
Livre de Chasse *est une copie presque textuelle de
deux chapitres du* Livre du roy Modus, *intitulés :*
Cy devise comme on doit le cerf escorchier, et y
a grant maniere. — Cy devise comment et par
quelle maniere on deffait le corps (*du cerf*), et y
a grant maniere. *Un autre chapitre du* Roy
Modus, *ayant pour titre :* Cy devise comme on
doit deffaire le sanglier, *se retrouve aussi presque
textuellement dans le chapitre XLIII du livre de
Phœbus. Le rédacteur anonyme du* Bon Varlet de
Chiens *a eu du moins l'honnêteté de ne pas mettre
sous son nom ce qu'il empruntait sans façon au*
Livre de Chasse de Gaston Phœbus *et, sans le
savoir, au* Livre du roy Modus; *mais il ne se
faisait pas scrupule de piller ses devanciers, en ac-
complissant une tâche que lui avait donnée probablement quelque seigneur, qui voulait fournir à ses
piqueurs et à ses varlets de limiers un petit manuel
de vénerie pour la chasse à courre du cerf et du
sanglier.*

*Le rédacteur chargé de cette espèce de découpure
faite dans le* Livre de Chasse de Gaston Phœbus

n'était pas certainement un ignorant ni un copiste maladroit, car nous ne lui attribuons pas les fautes de lecture et les non-sens que nous avons dû corriger dans le texte du manuscrit original. Ce manuscrit est sans doute l'œuvre d'un scribe qui n'entendait rien aux termes de chasse ni aux opérations de la vénerie, et qui, par conséquent, a cruellement altéré en divers endroits le texte qu'il avait à transcrire. On n'ignore pas que les meilleurs calligraphes ne se rendaient pas toujours bien compte des phrases et des mots qu'ils écrivaient sans aucune ponctuation et sans la moindre accentuation. C'était donc pour nous un simple devoir d'éditeur, que d'éclaircir le texte de notre manuscrit, non seulement en le corrigeant là où la correction s'imposait d'elle-même, mais encore en lui apportant la clarté qu'il pouvait recevoir de la ponctuation moderne. Nous regrettons de n'avoir pas ajouté à ce texte une sorte de commentaire pittoresque, par la reproduction des jolies miniatures cynégétiques qui ornent le manuscrit; mais les savantes explications techniques et pratiques de M. Ernest Jullien représentent un commentaire plus instructif et plus complet, que les véritables amis de la Chasse sauront apprécier.

PAUL LACROIX.

b.

LE BON

VARLET DE CHIENS

LE BON

VARLET DE CHIENS

*Cy divise comment on doit aller en queste
entre les champs et la forest.*

ET se le varlet doit quester aux champs, blez, vignes, vergiers et tremois et aultres choses, où les cerfs vont viander aux champs hors du boys, et y aille bien matin, mais qu'il puisse veoir à terre et bien jugier : et, s'il voit chose qu'il lui plaise, il puet gecter ses brisées.

*Cy divise comment on doit aller en queste
ès jeunes taillis.*

ENCORES puet-il quester ès jeunes taillis, et, pour ce, s'il est allé à la veue au matin, et il n'a riens veu jà, pour ce ne laisse de quester atout son limier, quant il sera hault jour, que toutes bestes doivent estre allées au giste, car, par aventure, aulcunes fois un cerf se mect plustost au boys qu'il ne sera venu en sa queste.

Comment on doit aller en queste parmy les fors.

ENCORES puet-il quester et se bouter atout son limier parmy les fors, à haulte heure, comme dit est. Car il advient souvent que les cerfs sont si malicieulx de leur nature qu'ilz viandent sur eulx-mesmes emmy les fors, sans aller hors ne à champs ne à taillis, es-

peciallement quant ilz ont une fois ou plus
ouy chasser les chiens en la forest, mais il
doit avoir affetté son limier ainsi qu'il ne
crie point au matin, car il en feroit aller,
et si soit de haulte heure, comme dit est,
que toutes bestes soient aux gistes. Et si
son limier encontre, si le tiegne court et
le mette derriere luy et regarde de quelle
beste c'est. Et si c'est chose qu'il luy plaise,
si poursuye de son limier, sans crier, jusques à tant qu'il ait bouté au fort et face
illecques brisées et se retraye.

Cy divise comment on doit aller en queste
ès haultes fustoyes.

NCORES puet-il quester ès fustoyes
et cleriaulx et hault boys, especiallement quant il aura pleu la
nuyt et au matin et on temps que les cerfs
ont les testes molles, qu'ilz demeurent voluntiers ès fustoyes et hault boys. Car le
fort pays leur feroit, par adventure, mal à

leurs testes qu'ilz ont tendres. Et, s'il encontre, en temps de pluye, comme j'ay dit, ou quant ilz ont les testes molles, de chose qu'il luy plaise, il ne doit pas poursuivre de son limier. Car ilz demeurent on cler pays, comme j'ay dit, en celuy temps, et s'en pourroit faire aller. Et en quelque lieu que des questes dessusdictes il encontre ou veoie à l'œil, face assentir à son limier à l'heure que j'ay dit ; et, si c'est aux champs et il congnoist à son limier que c'est de bonne erre, et si c'est cerf qui s'oultremarche, c'est-à-dire que le pié de derriere passe le pié de davant, ce n'est mye bon signe ; et, s'il surmarche, c'est-à-dire que le pié de derriere mecte sur celuy de davant sans oultre passer, encores n'est pas bon ce signe ; mais, s'il met le pié de derriere loing de celuy de davant, c'est bon signe. Ou, s'il marche plus large derriere que davant, encores est bon signe. Car, quant ung cerf s'oultremarche, c'est signe qu'il est cerf errant, legier et bien fuyant, et maigre. Car, s'il avoit gros et gras coustez et flans, il ne se pourroit oultre marcher, ne surmarcher. Et par le contraire, si feroit. Et, quant aulcune fois cerfs font pigasse, voluntiers sont mal fuyans et pou doivent avoir esté chassés. Et, s'il en a les fumées, il les doit mettre en son cor, avecques de l'herbe ou en son guiron avecques de l'herbe aussi. Car en la main ne les doit-il pas pourter, car ilz se hasleroient et sembleroient vieilles. Et, quant il encontrera aux champs de chose qu'il luy plaise, il doit traire l'embouchement pour le mettre au fort entre les champs et le boys, et quant il trouvera là où il entre au boys, gette une brisée le bout rompu devers où la beste va, et ne le poursuive plus avant parmy le boys.

Preigne doncques ung tour par aulcunes voies ou sentiers. Et, s'il veoit qu'il ne passe hors de son tour, il se puet tenir pour destourné et s'en puet revenir à l'assemblée et faire tel rapport. Et, s'il veoit qu'il passe par là où il prandra son tour, son limier davant soy, il doit regarder si c'est celuy cerf qu'il a destourné ; et, s'il n'en veoit bien à son aise, il doit realler la contre ongle jusques à tant qu'il en veoye à son aise, bien à plain, mais garde que son limier ne crye. Et, s'il veoit que ce soit son cerf, il ne le doit pas poursuir, mais prandre encores autre tour, mais garde qu'il ne preigne par le long des voies. Car il n'y a si mauvais traire comme le long de voies. Car un limier y trespasse voulentiers routes, mais aille ung pou hors chemin par l'ung des coustez. Et ainsi tousjours jusques à tant qu'il ait mys dedans son tour. Car lors en est-il plus seur, et la suyte en sera plus courte.

Mais, s'il estoit trop tard pour laisser courre, et il veoit qu'il aille le pas et entre en fort pays, il ne luy convient jà faire toutes ces choses. Et je loe que, où qu'il ait encontré de cerf et bouté en fort, ou ès taillis, ou ès fustoyes, ou ès champs, ou ès fors, il preigne les assenez et tours dessus ditz, pour estre plus seur et faire plus courte suyte, s'il a temps de le faire, comme j'ay dit.

Ce que j'ay dit des questes entens-je à dire depuis que les cerfs prennent les buissons et que on chasse les cerfs, dès Pasques jusques en la fin d'aoust. Car, quant ilz vont au ruyt, on ne doit pas quester ainsi comme on fait en la saison.

Cy divise comment on doit mener les chiens
à faire la suyte.

APRÈS luy vueil apprandre à sçavoir mener les chiens à la suyte. Car, quant celuy qui suyt du limier commence sa suyte, celuy qui mene les chiens doit demourer loing au moins le get d'une petite pierre et ne se doit bouger d'illec jusques à tant qu'il ouoye que celuy qui suyt du limier criera: *Par cy, par cy!* Et lors doit-il aller avant avecques tous ses chiens acouplez jusques là où il aura ouy que celui qui poursuyt du limier aura dit : *Par cy, par cy !* Et brief, tousjours qu'il oirra crier : *Par cy, par cy !* doit-il aller avant. Et, s'il n'oyt ce mot, il doit demourer tout coy et doit aller atout une bonne verge davant ses chiens, et deux ou troys aultres varletz avecques luy, et des aultres varletz par les coustez et derriere les chiens, affin que les chiens ne se forvoient de la menée et routes par où le limier va, et affin qu'ilz ne s'en aillent acouplez. Et, quant ce viendra au laisser courre, il doit garder qu'il descouple les plus saiges chiens premiers et recueillir bien ses couples, qu'il ne les perde. Et se doit mettre en dessoubz du vent, affin qu'il ouoye où ses chiens vont, et qu'il soit à la prise du cerf. Puys luy vueil apprandre, quant la beste sera prise, regarder quants chiens luy faillent et d'aller les querir par tout environ où ils auront chassé, en les appellant et cornant au dessus du vent, affin que les chiens là ouyent mieulx. Et, s'il ne les puet trouver de tout le jour, le lendemain sy aille luy et des aultres compagnons querir les chiens ès villes d'environ la forest. Aussi luy vueil apprandre de mener les chiens esbatre deux fois le jour, ainsi comme j'ay dit, sur gravier des pierres, especiallement quant ilz sont en sejour, et faire les leurs ongles d'unes petites tenailles ; lesquelles leur. deviennent trop longues quand ilz demeurent trop en sejour, comme Phebus dit. Lequel sejour je ne loe pas, et manifestement en ay debastu avecques Huet des Ventes, qui fut un bon veneur, par trop de raisons.

Premierement, voluntiers au sejour les chiens perdent les piez ou les ongles, et les aultres maladies en viennent, comme dit ledit Phebus, lesquelles l'enfant doit avoir apris de garir. Et troys choses sont qui ne doivent sejourner trop : hommes, bestes et oyseaulx. Les hommes, pour raison de peichez qui viennent par oysiveté, et aussi deviennent-ils gras, et ne leur plaist,

s'ils sejournent longuement, gueres travailler en leur mestier, ou soient clercs ou
laiz, car la chair se truandist. Et, s'ilz
travaillent et ont trop sejourné, il leur fera
grant mal et en cherront par advanture en
une grande maladie. Aussi les chevaulx des
marchans, qui sont gras et gros et sont au
sejour, ne pourroient fournir une forte
jornée de courre contre mes coursiers qui
sont tousjours en allaine. Aussi les faulcons,
ou autours, ou aultres oiseaulx, au partant
de la mue, et du sejour, ilz ne pourroient
voller longuement, car ilz ne sont pas à
point de voller ne essaymés. Des chiens,
chascun qui est de nostre mestier scet bien
que chien de sejour, qui est fort jeu, ne puet
fournir une longue chasse : bonne volunté
ont, mais le povoir n'y est pas. Et, par la
grant volunté qu'ilz ont aulcunes fois, font
plus qu'ilz ne puent. Donc viennent en
grandes malladies de roignes et d'aultres
malladies, que j'ay dit davant. Et en ay veu
mourir trop soudainement et par diverses

manieres. Et pour ce, loe-je que tout homme qui aura bons chiens et saiges pour le cerf les face courre une fois la sepmaine au moins en yver, mais qu'il face beau temps et chault, pourtant que la saison soit faillye, non pas qu'ilz facent longue chasse par eaues à force. Car la froideur de passer les eaues et du temps leur pourroit faire grant mal, mais à levriers à hayes ou aultres harnoys est-il bon qu'ilz soient tousjours en allaine et à la voye et à la char, affin qu'ilz ne oblient leur mestier, ne les maladies que j'ay dit davant ne leur puissent venir au sejour. Aussi luy vueil apprandre à paistre les chiens, car il y a des chiens qui sont de mauvaise garde et se tiennent maigres les ungs plus que les aultres, et d'aultres qui sont lunages et les ungs plus souvent que les autres. Adoncques doit-il apprandre que si ung chien ne veult manger de tout le jour ne de toute la nuyt, qu'il le traye hors des aultres à part et l'essaye s'il voudra manger, quant il aura jeuné tout un jour

et une nuyt, et si non si luy donne aulcune
advantaige de souppes. Et, s'il ne vouloit
soupper et jeusnoit plus longuement, si
luy donne de la char jusques à tant qu'il
soit guery. Et, s'il estoit longuement sans
manger, si face comme j'ay dit dessus. Et
à chiens qui se tiennent maigres et sont
de mauvaise garde, on leur doit donner à
manger à part et donner avantaiges deux
ou troys fois à manger le jour. Et à chiens
qui se tiennent trop gras, on les doit garder qu'on ne leur donne trop à manger,
especiallement s'ilz ne sont au sejour ou
en yver. Aussi luy vueil apprandre à desjeuner les chiens à l'assemblée : on leur doit
donner demy pain à chascun, affin que le
grant chault ne les eaues qu'ilz buront en
chassant ne leur puisse alaschir le cueur.
Car j'ay veu maintesfois chiens qu'ilz ne
povoient aller en avant, et on leur donnoit
deux ou trois mors de pain, le cueur leur
revenoit, et ilz se mectoient en chasse. Et
aussi ung homme qui est bien las et mangue

et boyt ung peu, tout le cueur luy reviendra. Et pour ce, les doit-on desjeuner, davant qu'ilz chassent, especiallement quant on chasse à force. Aussi, quant au chenil, on leur doit donner de bonne heure à manger deux fois le jour, une au vespre et l'autre au matin. Mais le jour davant qu'ilz voudront aller chasser, ilz donnent moins à manger et de plus haulte heure que les aultres jours, affin qu'ilz ne soient-plains le lendemain. Aussi luy vueil apprandre saulcer les piez des chiens d'eaue et de sel, quant ilz ont chassé par dur pays et en sec temps, ou sur pierres ou roches; et aussi s'ilz ont les piez eschauffez, les leur laver de vin aigre et de la suye des cheminées. Aussi si chien enfondu ou roigneux y avoit, il le doit traire hors des aultres du chenil, affin que la roigne ne se preigne aux aultres, et faire les medecines que j'ay dit en mon livre jusques à tant qu'il soit guery. Et si les chiens ont les jambes enflées pour mal pays d'ajoncs ou

de ronces, si face comme j'ay dit en mondit livre. Toutes ces choses et aultres qui
touchent à office de paige luy vueil avoir
apris, et l'enfant les doit avoir aprises en
aultres sept ans qu'il demourra paige. Et
adoncques aura-il XIIII ans.

*Comment on doit mener en queste son varlet pour
apprendre à congnoistre de grant cerf par le
pié.*

ET lors le doit son maistre faire
mener le limier en queste au
matin après luy. Et luy en-
seigner quelle difference ne quelle congnoissance a du pié du cerf à celuy de la
biche, comme je diray, et du pié du grant
cerf encontre d'ung jeune, et d'ung cerf
encontre celuy de la biche, et quants
jugemens et congnoissance il y a. Et pour
mieulx l'en acertainer, il doit avoir ung pié
d'ung grant cerf, et ung aultre d'ung jeune
cerf, et ung aultre de biche, et les doit

chacun mettre en terre dure et puis en molle. Une fois bien bouter en terre les piez ainsi comme s'il fuyoit, autresfois les mettre bellement sur terre ainsi comme s'il allast le pas. Et en cela il se pourra aviser des differances et congnoissances qui sont ès piez, et trouvera qu'il n'est nul cerf si jeune s'il pousse six cornes ou plus, qu'il n'ayt le tallon plus large et meilleur, et plus gros os que n'a une biche et voluntiers plus longues trasses. Toutesfois aulcunes biches y a bien marchans qui ont aussi large solle de pié, comme jeune cerf qu'il portera six cornes, mais le tallon ne les os n'ont ne si gros ne si larges. Et aussi le vieil cerf et grant fait meilleur solle de pié et meilleur tallon et meilleurs os et plus gros et plus larges que ne fait ung jeune cerf ne une biche. Es piez de cerfs et biches que j'ay dit dessus mettre en terre pourra-il congnoistre les differences mieulx que je ne sçauroye deviser. Aussi la biche a plus creuses trasses communement que n'a ung jeune cerf; et plus ouverte l'ongle davant du cerf donc chassable, car des aultres ne me chault, et le jugement on tallon gros et large, et la solle du pié grant et large, et os gros et larges, et la pointe du pié ronde. Et j'ay bien veu grant cerf et vieil qui avoit bien creuses trasses, et ce ne puet grever, mais que les aultres signes dessusdits ilz soyent.

Car creuses trasses et taillant ongle ne signifie, si les signes dessus y sont, forsque cerf qui hante maulpays, et où il n'aura gueres de pierre, ou qui n'aura gueres esté chassé. Aussi luy vueil apprandre que, s'il encontre d'ung tel cerf qui ait les signes dessusdits, et on luy demande quel cerf c'est, il puet dire que c'est cerf chassable de dix cors où il n'a de refus; et, s'il voit le pié du cerf qui ait les signes dessusditz et tous les signes soyent bien grans et larges, il puet dire que c'est cerf qui aultresfois a porté dix cors. Et, s'il voit encores les signes plus grans et plus larges,

il puet dire qu'il est grant cerf et vieil. Et
est tout quant qu'il puisse dire du cerf.
Aussi luy vueil aprandre qu'il appelle d'un
cerf les voyes, et d'un sanglier les trasses.
Et aussi luy vueil aprandre que routes et
erres veullent dire, car c'est tout ung.
Erres sont les alleures par où une beste
va, ou soit de bon temps ou de vieil.
Routes aussi sont par où il va.

*Cy divise comment on doit congnoistre
grant cerf par les fumées.*

APRÉS luy vueil apprandre à congnoistre et juger les fumées du
cerf, car aulcunesfois les gectent
en torche, aulcunesfois en plateaulx, aulcunesfois formées, aulcunesfois aguillonnées, aulcunesfois hantées, aulcunesfois pressées, aulcunesfois deboutées et
en d'autres diverses manieres, comme j'ay
dit davant; et, quant ilz les gectent en
plateaulx, et c'est en apvril ou en may

jusques à my juing; si les plateaulx sont
larges et gros et espès, c'est signe qu'il
soit cerf de dix cors chassable. Et, s'il
trouve les fumées en torche, et ce soit
de my juing jusques à my aoust, de grosse
forme et grosses torches et bien moullées,
c'est signe qu'il est cerf de dix cors chassable. Et, s'il trouve les fumées, qu'ilz
soient formées, qu'ilz ne s'entretiennent
point, et c'est du commancement de juillet,
jusques à la fin d'aoust, grosses et noires
et longues, et qu'elles ne soient hantées,
ne qu'il n'ayt point de piccon aux bouts,
et soient pesans et oingtues, sans lymon,
c'est signe qu'il est cerf de dix cors
chassable. Et, si elles sont vaines et le-
gieres et limoneuses toutes communement
ou le plus, ou deboutées ou aiguillonnées
aux deux boutz ou à l'ung, ce sont mauvais signes, et n'est point cerf chassable
ne cerf de dix cors. Si ce n'est quant ilz
vont au froieur, qu'ilz deffont ung pou
leurs fumées et les gettent plus arses et

plus longuelletes, et aulcunesfois aguillonnées à l'ung des boutz, mais tantost,
comme ilz ont froyé et bruny, ilz reffont
leurs fumées comme davant. Pourtant que
fumées soient bonnes et grosses, si elles
sont lymonneuses, c'est signe qu'il a eu à
souffrir. Dés la fin d'aoust, fumées ne sont
de nul jugement, car elles se deffont pour
le ruyt.

*Cy divise comment on doit congnoistre
grant cerf par les froyeis.*

APRÉS luy vueil apprandre à congnoistre grant cerf par le froyeis;
car, s'ilz trouvent le froyeis du
cerf et il veoit que le boys où il s'est froyé
soit gros, qu'il ne le puisse avoir ployé, et
se soit froyé bien hault et ait bien l'arbre
escorcé et esmondé et les branches rompues
et torses bien hault, et que les branches
soient bien grosses, c'est signe qu'il est
grant cerf et qu'il doit porter haulte teste

ou bien trouchée ou paumée. Car, pour la troucheure qui est droicte, desrompt-il hault les branches qu'il ne puet tenir ne ployer dessoubz luy. Car, si le froieur estoit menu et il mectoit les branches dessoubz luy, ce n'est pas signe qu'il soit grant cerf, especiallement si continuellement les froyeis estoient menues.

Toutesfois un grant cerf froye bien aulcunesfois en petis arbres, mais non pas continuellement; mais jeune cerf ne froyera ja en gros arbre, dont il regardera plusieurs froyeis. Et, s'il veoit les signes dessusdits plus souvent au gros boys que au menu, il le puet juger pour chassable et pour cerf de X cors. Et, si les froyeis sont tous communement menus et bas, non : car il y doit avoir reffus. Aussi luy vueil apprandre à congnoistre grant cerf par le lit ou repousées. Repousées si sont quant ung cerf viendra, au matin, de son viandeys, et se couchera et puis à chef de piece il se levera et s'en ira en une aultre part coucher pour y demourer tout le jour. Dont quant il viendra au lit d'ung cerf ou la repousée, et il le verra long et large et bien foullé et preinte l'herbe, et au lever qu'il fera du lit, le pié et genoil auront bien fondu la terre et pressé l'herbe, ce sont signes qu'il est grant cerf et pesant. Et, si à la repousée ne sont pas ces signes, pour-ce qu'il y aura pou demouré, mais que la repousée soit longue et large, il le puet juger pour cerf chassable de dix cors.

Aussi luy vueil apprandre à congnois-tre grant cerf par le boys porter; car, quant un cerf va parmy un boys fort et es-pès, et il a haulte teste et large et il trouve le boys jeune et les rameaulx ten-dres, il a la teste plus forte que le boys. Adoncques emporte-il le boys, et mesle l'une branche sur l'autre, car il les porte et met là où ilz ne soulloient mye estre de leur nature. Et, quant les portées du boys sont larges et haultes, doncques le puet-il juger cerf de dix cors chassable : car, s'il

n'avoit haulte teste et large, il ne pourroit faire les portées haultes ne larges. Et,
s'il advenoit qu'il trouvast ses portées et
qu'il n'eust le limier en sa main, et il ne
sçavoit de quel temps ces portées estoient,
il fault qu'il mecte son visaige parmy les
portées et retieigne son allaine le mieulx
qu'il pourra. Et, s'il trouve que l'iraigne
ayt fillé parmy les portées, c'est signe que
ce n'est pas de bon temps ou au moins
est-ce de la relevée de la nuyt devant du
cerf.

Toutesfois aille querre son limier, car
il en fera mieulx fin. Aussi luy vueil apprandre à congnoistre grant cerf par les
foullées. Les foullées du cerf appelle-l'on,
quant il marche sur lieu où il ait trop de
herbe et on ne puet voir la forme du pié,
ou quant il marche en aultre lieu où il n'a
point de herbes, et pouldre ou durté de
pays, ou fueilles ou aultres choses empes-
chent de veoir la forme du pié. Et quant
il marche sur l'herbe et il n'en puet veoir à

l'œil, adoncques doit-il mectre sa main dedans la fourme du pié, et, s'il veoit que la fourme du pié ayt la largeur de quatre doiz, il le puet juger grant cerf, par les foullées. Et, si la semelle du pié a encores troys doiz largement, il le puet juger cerf de dix cors; et aussi, s'il veoit qu'il poise bien et ront bien la terre et presse bien l'herbe, c'est signe qu'il est grant cerf et pesant. Et, s'il n'en puet veoir à plain par le dur terrain ou par la pouldreuse, lors se doit-il abbaisser pour ouster la pouldre et souffler sur la fourme du pié du cerf jusques à ce qu'il en veoye bien la fourme. Et, s'il ne le puet veoir en ung lieu, si le doit poursuir jusques à tant qu'il en voye bien à son aise. Et, s'il n'en puet veoir en nul lieu, il doit mectre la main sur la fourme du pié. Car lors trouvera-il comment il ront la terre de chascune part des ongles du pié. Et le pourra juger pour cerf chassable, ainsi comme j'ay dit des foullées de l'herbe. Et,

se fueilles ou aultres choses sont dedans
la fourme du pié qu'il n'en puisse veoir à
son aise, il en doit oster tout bellement de
sa main les fueilles ou aultres choses, affin
qu'il ne defface la fourme du pié, et souffler dedans et faire les aultres choses que
j'ay dessus dit.

Aprés luy vueil apprandre comment il
parlera, entre vous, vaneurs, de l'office de
vanerie. Premierement il doit petit parler,
et soy pou venter, et bien ouvrer subtile-
ment, et fault qu'il soit saige et diligent
en son mestier : car un bon vaneur ne doit
mye publier son mestier. Et, s'il advient
qu'il soit entre d'aultres vaneurs qui en
parlent, il en doit parler par la maniere
qui s'ensuit.

Premierement, si on luy demande où il
parle de mengues ou viandeys de bestes, il
doit dire, des cerfs et de toutes bestes rousses doulces, viandes. Et de toutes bestes
mordans, comme sont ours, sangliers,
loups et aultres bestes mordans, manger,

comme j'ay dit en mon Livre. Et se on parle
ou on luy demande des fumées, il doit appeller fumées celles du cerf, de ranger, de
daim, de bouc et de chevreul, et des ours,
et des bestes noires, et des loups, il les
doit nommer laisses, celles des lievres et
des connins, il les doit nommer *croctes*.
Celles des regnars, des tessons et d'aultres
bestes puans, il doit nommer fiandes; et
celles des loutres, *espraintes,* comme dit est
en mondit Livre. Et, si on luy demande
ou l'on parle des piez des bestes, les piez
des cerfs, il doit nommer ou voyes ou piez,
car chacun est bien dit. Et celles de l'ours,
du sanglier et du loup, doit-il nommer
trasses. Et celles du ranger, du daim, du
chevreul et du lievre, doit-il nommer les
piez. Et celles des aultres bestes puantes,
marches, comme dit est. Et, s'il a veu ung
cerf à l'œil, il y a de troys manieres de coul-
leurs de poil. L'ung si est brun cerf, l'autre est dit blond, et l'autre est dit fauve. Et
ainsi les puet-il nommer selon ce qui luy

semblera bon qu'il ait coulleur. Et, si on
luy demande quelle teste a le cerf qu'il a
veu, il doit tousjours respondre en per, et
non pas en non per. Car, s'il portoit de
l'une part dix cors, et de l'autre n'en
portoit que sept, si doit dire qu'elle est
semée de vingt cors, car le plus emporte
le moins. Et ainsi, de plus ou de moins,
toujours en per. Et tout cor de cerf se
puet compter, puisque on y puet pendre
ung esperon, et aultrement, non. Et, quant
il porte autant de l'une part comme d'aultre, il puet dire qu'elle est fourmée de
tant de cors comme elle portera. Et, quant
elle ne porte que d'une part, il puet dire
qu'elle est semée de tant de cors comme
elle portera. Et, s'il veoit, par le pié du
cerf ou aultres signes que j'ay dessus dits,
qu'il luy semble cerf chassable, et on luy
demande quel cerf c'est, il doit dire : cerf
de dix cors, et non pas plus. Et, si luy
semble grant cerf, et on luy demande de
quel cerf c'est, il doit dire : cerf qui a autres-

fois porté dix cors, où il n'a point de reffus. Et, s'il a bien veu à l'œil, ou par les
signes dessusdits en a veu bien à plain et
voit qu'il soit si grant cerf comme cerf
puet estre, et on luy demande quel cerf
c'est, il doit dire : grant cerf et vieil. Et
c'est le plus grant mot qu'il puisse dire,
comme j'ay dit davant. Et se on luy demande à quoy il congnoist qu'il est grant
cerf, il peut dire : ou, parce qu'il fait bons
os, ou bon tallon, ou bonne solle de pié,
ou belles repousées, ou brise bien la terre,
ou belles portées, ou bonnes fumées, ou
tous les aultres signes qu'il y congnoistra,
ainsi comme j'ay dit davant. Et, si voit ung
cerf qui ait la teste bien ordonnement, selon la hauteur et la taille qu'il a, bien rangée, les cors à mesure l'ung près de l'autre,
et on luy demande quelle teste il porte, il
doit respondre qu'il porte belle teste et
bien rangée. Et, s'il voit qu'il ait la teste
grosse de mesrien et d'antoilliers, et est
bien rangée et bien chevillée et bien haulte

et ouverte, et on luy demande quelle teste
il porte, il doit respondre qu'il porte belle
teste par tous signes et bien née. Et, s'il
voit ung cerf qui ait la teste basse, ou
haulte, ou gresle, ou grosse, et soit menuement chevillée et pueblée de cors et
hault et bas, et on luy demande quelle
teste il porte, il doit respondre qu'il porte
la teste bien chevillée, selon la façon
qu'elle a, ou basse, ou menue, ou d'aultre
maniere. Et, s'il voit ung cerf qui ait la
teste diverse ou que les antoilliers aillent
arrière, ou qu'il a doubles meules ou aultre diversité que communement n'ont les
aultres testes des cerfs, et on luy demande
quelle teste il porte, il doit respondre
qu'il porte une teste contrefaicte ou diverse, car il y a telle diversité. Et quant il
voit un cerf qui porte haulte teste et ouverte, mal chevillée et longues perches, et
on luy demande quelle teste il porte, il
doit respondre qu'il porte belle teste haulte
et ouverte et longues perches, mais elle

est mal chevillée et mal rangée. Et, quant
il voit ung cerf qui porte la teste basse, et
grosse, et chevillée menuement, et on luy
demande quelle teste il porte, il doit respondre qu'il porte teste belle et bien chevillée de sa fascon ainsi comme dit est. Et,
se on luy demande par la teste à quoy il
congnoist qu'il est grant cerf et vieil, il
doit respondre que les signes de grant cerf
par la teste sont : premierement, quant il
a grosses meulles et pierreures comme menues pierres, et les meulles prés de la teste,
et les antoilliers, qui sont les premiers cors,
gros et longs et prés des meulles et bien
pierreurs, et les surantoilliers, qui sont les
segonds cors, doivent estre prés des antoilliers et de teile fourme, combien qu'ilz
ne doivent mie estre si grans, et les aultres
cors gros et longs et bien chevillés et
rangés, et la troncheure, ou paumeure, ou
couronnement, que j'ay dit devant, haulte
et grosse, et le long les perches seront
grosses et pierreuses. Et il aura au long

des perches unes petites combeletes que
on appelle goutieres. Lors doit-il dire que
en ce congnoist-l'on qu'il est grant cerf
par la teste.

*Cy aprés divise comment le bon veneur doit chasser
et prendre le cerf à force.*

R faut-il, puisque le varlet nou-
vel scet aller en queste et destourner cerf et sanglier, qui le
saiche bien et à point laisser courre, dont,
quant il partira de l'assemblée, il fault
qu'il se mette davant tous les aultres, la
main derriere son dos et son limier derriere soy, en luy tenant bien court au
bout du trect. Et, se aucunesfois, dès le
partir de l'assemblée, se mect son limier
davant luy pour l'aprandre de luy remener
et retourner à ses brisées, je ne le tiens
mye trop à mal fait : car, quant ung limier scet remener son maistre à ses brisées, c'est moult bonne chose, especialle-

ment en une forest estrange où l'on ne se congnoist point, ou quant on a encontré de cerf ou de sanglier emmy les fours, et on ne scet rassener à brisées, le chien ne fauldra point à l'y ramener, s'il y est apris. Et, quant il sera à ses brisées, il doit mettre son limier davant soy, en le tenant court, affin qu'il se treuve mieulx à routes jusques à tant qu'il en ayt bien assenty, et puis suir et luy alargir le lien petit à petit et le suir bellement et non pas trop toust, tousjours regardant à terre là où il aura terrain où il puisse veoir ou par le pié ou par les foullées, ou par les fumées, ou par les portées. Où par quelconques il en veoie, il doit dire : « Veez-le cy aller, et par cy va, par les fumées, ou par les foullées, ou par les portées, » nommant par laquelle qu'il en veoie, en disant: « Veez-le cy aller, par les fumées, ou foullées, ou portées. » Et, se son limier fault ses routes, il se doit demourer tout quoy et doit laisser revenir son limier du long du lien, ou ar-

riere, ou d'une part ou d'aultre : car ung
cerf, quant il va à son demourer, revient
voluntiers sur soy et fait une ruse ou estorce, et par adventure plus de troys,
avant que on le puisse trouver, selon qu'il
est malicieulx. Et, s'il le dresse, il doit
regarder en terre. Et, s'il veoit que ce soit
son droit, il doit dire : « Par cy », et y
gecter quelque brisée, et tousjours qu'il en
verra, il doit gecter brisées, ou pendentes,
au boys, ou gecter en terre. Et les chiens
doivent traire lors avant, comme j'ay dit
davant : car les brisées sont de grant necessité pour celuy qui fait la suyte. Car il
sçaura, comme j'ay dit, jusques là où son
limier aura suy son droit. Et aussi est-il
de grant necessité pour ceulx qui menent
les chiens : car ilz sçauront, aux brisées,
'par où le cerf et le limier va. Car les
chiens qui viennent derriere doivent aller
par illecques mesmes, affin qu'ilz ayent assenty plus du cerf et qu'ils le sçachent
mieulx garder, quant ilz seront descou-

plez. Et, si son limier ne le dresse tantoust, il doit prandre ung petit tour arriere, et puis revenir là où il en aura veu
la derniere fois. Et d'illecques il pourra
prandre ses tours et assenez jusques à tant
qu'il ait dressé, et tousjours ainsi suyvant,
et requerant quant il sera hors des routes.
Et, si son limier traict au vent, comme
aulcuns font voluntiers, especiallement
ceulx qui suyvent la teste levée, il ne le
doit pas suyvre, mais demourer tout quoy
et le retirer arriere aux routes et le faire
mectre le musel à terre, en monstrant au
doy et disant : « Veez-le cy aller, mon
frere ou mon amy. » Car le traire au vent
du limier n'est pas bonne chose, pource
que on pays mesme pourroit-il bien avoir
d'aultres bestes que le cerf de quoy ilz
suyvent, de quoy il pourroit bien avoir
le vent, car j'ay bien veu suyvre d'ung
grant cerf et laisser courre une biche,
pource que le varlet ne regardoit pas bien
qu'il ne chemast à suyte.

Et tousjours doncques, comme j'ay dit, doit-il regarder en terre, et qu'il ne change ses routes, et aussi le puet-il congnoistre par les fumées, si elles sont telles comme celles qu'il aporta au matin à l'assemblée, combien que ung cerf change bien ses fumées en deux manieres, mais ce n'avient pas souvent, si ce n'est par remuance de viandeys. Et aulcunesfois aussi les fumées de la relevée de la nuyt devant ne sont pas telles comme ilz sont au matin quant le cerf vient au fort pour y demourer. Car elles sont plus pressées et plus molles et mieulx digerées, car il a repousé tout le jour, que ne sont celles qu'il gecte quant il vient de son viendeys pour demourer, mais voluntiers se ressemblent de fourme, si le viandeys, comme j'ay dit, ne les fait dessembler. Moult de fois advient que le varlet qui suyt ne vient pas au lit dont la beste s'en va : car le limier traict au vent aulcunesfois aux meilleures routes qui l'emportent. Et, s'il advient ainsi, si y doit-il mettre l'œil à terre et regarder si c'est son droit. Et pourra congnoistre s'il s'en va fuyant à son limier qui amendra et doublera sa gueule et s'efforcera de crier tant qu'il pourra. Et aussi, s'il en veoit par le pié, il congnoistra s'il s'efforce ou fuyt, ou va bellement : car, quant ung cerf s'efforce, les ongles sont ouvertes par où il marche. Et, quant il va bellement, ilz sont toutes closes. Et, s'il veoit ces signes, il doit lier son limier à ung arbre et doit huer ou corner pour chiens et abattre et descoupler ses chiens aprés, les meilleurs et les plus saiges davant. Et, si aulcunesfois il vient au lit, il doit mettre son visage dedans le lict du cerf ou le dos de sa main. Et, s'il trouve qu'il soit chault et son limier s'efforce de crier et double sa gueulle, c'est signe qu'il s'en va davant luy. Et senon ce sera une repousée et n'est pas le droit lit. Et lors ne doit-il pas huer pour chiens, ne laisser courre.

Mais, quant les signes que j'ay ditz y seront, encore loe-je qu'il suyve aussi comme le get d'une pierre plus avant que le lit n'est, tousjours regardant en terre : car aulcunesfois le cerf qui orra venir le limier et les chiens, quant il part de son lit ne s'en va mye tout droit avant. Car, par adventure, il fuyra, ou à l'ung cousté, ou à l'autre, ou arriere. Et pour ce, loe-je qu'il le dresse ung pou plus avant du lit : car, si les chiens estoient descouplez sur le lit et il fuyoit arriere ou de cousté, les chiens qui ont grant volunté ou partant des couples yroient avant, et le cerf yroit arriere ou de cousté. Ainsi ilz fauldroient à l'acueillir. Et, quant il verra que c'est son droit et aura suy une piesse plus avant que le lit, dont doit-il tirer son limier et corner et huer pour chiens et abattre et descoupler. Car, sans veoir en terre que ce soit son droit, aulcuns aultres jeunes cerfs pourroient bien estre venus demourer d'aultres pays en sa suyte, si pourroit-il

bien faillir à lesser courre son cerf. Et
aulcunesfois sont bien deux cerfs ensemble, de quoy le grant cerf baille, comme
j'ay dit dessus, le plus jeune aux chiens, et
le grand ira demourer ung pou plus
avant, dont doit regarder le varlet qu'il
ne laisse courre fors que au plus grant. Et,
quant il aura descouplé ses chiens, encores
loe-je qu'il chasse menée atout son limier
ainsi comme le traict d'une arbaleste : car
aulcunesfois aultres cerfs et biches puent
bien estre ou mesme pays, et les chiens les
pourroient bien acueillir : pour ce doit-il
chasser routes atout son limier. Et, s'il
veoit que les chiens eussent acueilli le
change, il doit demourer tout quoy sur
les routes et faire illec ses brisées et fort
huer tant qu'il pourra. Et les vaneurs,
aides et varletz doivent briser les chiens,
en les menassant et disant : « Hou, hou,
ci, ci, à la hart, à la hart, ou ira, ou ira ! »
Et l'ung des veneurs se doit mettre davant, en eulx appelant et disant : « Sa, sa,

taho, taho ! » Et les aultres luy doivent
chasser les chiens aprés, en disant : « Apelle,
apelle ! » et « oultre à luy, oultre,
oultre ! »

Ainsi les doivent amener jusques à celuy qui fort hue. Et celuy doit mettre le
limier davant soy et le dresser davant les
chiens. Puis doit retraire son limier, et le
festier et luy donner aulcun lopin de char
qu'il ait porté de l'assemblée. Puis doit
mettre son limier derriere soy et prandre
au dessoubz du vent, pour ouyr où les
chiens vont. Et, si par avanture en aulcune requeste ou aultrement les chiens
avoient change et il encontroit le cerf, que
ce fust son droit et nulz chiens ne le
chassoient, il ne se doit bouger dyqui,
mais fort huer tousjours jusques à tant
que les veneurs et les chiens ou aulcuns
d'eux soient venus. Et, si le veneur vient
avecques une partie des chiens, il doit
mettre le limier davant et le dresser aux
chiens. Et puis se doit retraire et prandre

arriere le vent. Et, s'il venoit à son fort
huer deux ou quatre chiens ou plus, et
nul des veneurs n'y venoit, il doit mettre
son limier davant et chasser menée et crier
et corner chasse tout le jour avecques
eulx, jusques à tant que ung veneur ou aides y soit venu. Et lors doit retraire son
limier et prendre le vent, comme j'ay dit,
et ainsi faire jusques à tant qu'il soit pris.

Cy aprés divise comment on doit defaire le cerf.

E T, quant il sera pris, il et trestous les aultres qui sont de la
venerie doivent corner prise,
comme j'ay dit devant. Et le doit escorcher et deffaire en telle maniere. Premierement, quant le cerf est pris et on le
veult escorcher, on doit mettre la teste du
cerf contre terre et puis tourner tout le
corps du cerf sur la teste, les quatre piez
et le ventre en amont. Et, la premiere

chose qu'il doit faire, il doit coupper les
deux daintiers ensemble atout le poil et
faire ung petit pertuys en la pel, du coustel, et le bouter par une verge que l'on appelle forche, laquelle doit estre forchée, et
l'ung des forches doit estre assez plus long
que l'aultre. Puis doit fendre le cerf depuis endroit la gueulle tout au long par-
dessus et le ventre jusques au cul. Et
puis doit prandre le cerf par le pié destre
davant et enciser la jambe tout en tour au
dessoubz de la jointe, et le doit pourfendre ou la pointe du coustel par dessus la
jambe tout au long, depuis son enciseure
jusques à la hampe ou poitrine, jusques à
l'enciseure qu'il ait fait au long du ventre
et de la hampe, et tout ainsi en la jambe
devant de l'aultre part. Puis doit prandre
la jambe derriere et l'enciser tout en tour
au dessoubz de la jointe du pié, comme a
fait les aultres. Puis le doit pourfendre
tout au long par devers le jarret jusques à
la fente premiere entre le cul, et où il ousta

les daintiers. Et tout ainsi face de la jambe
derriere d'aultre part. Puis le doit com-
mencer à escorcher par les jambes. Et
quant il escorchera le corps, si garde bien
qu'il n'oblie mye à lever le parement. Et
quant voudra lever le parement, si garde
tant d'ung cousté comme de l'aultre que
le cuir tienne aux coustez du cerf trestout
droit depuis le meilleu de l'espaulle jusques aux flancs au dessoubz des longes
bas. Puis si couppe de son coustel un
pou la chair tout au long de l'escorcheure
du cuir, si que il semble que il demeure sur
le cuir une charnosité tendre. Et soit ainsi
fait de tous les deux coustez : ce est
nommé parement. Puis soit tout escorché.
Et ne couppe mye la queue avecques le
cuir. Mais couppe le cuir tout entour la
queue bien prés de la queue. Et aussi
laisse du cuir tout entour du cul, bien prés
du trou. Et ne couppe mye les oreilles,
les laisse en la teste, ne aussi ne escorche
riens de la teste, fors le coul. Et couppe le

cuir par derriere les oreilles et mecte du
boys couppé entre terre et le cuir qu'il aura
escorché tout autour et d'une part et
d'aultre, si que le corps du cerf demeure
tout entier dedans le cuir, affin que le
sang n'en puisse yssir hors du cuir.

Et quant il l'aura escorché, il le deffera
en telle maniere : Premierement ostera la
langue tout entiere et mettera son coustel
parmy le gousier qui tient à la langue et y
face une fente et la boute on forche où
j'ay dit que seront les daintiers. Puis oste
les neuz du col qui sont entre le col et les
espaulles, et encise en travers celle char
joignant de l'espaulle, et face ung pertuys
en icelle à bouter son doy : si la soulieve
on son doy et coupper ou long du coul
celle chair environ plain pié de long, et
face ung pertuys et mecte on forche dessusdit. Et aussi doit faire de l'aultre part.
Puis preigne le pié davant dextre du cerf.
Et encise tout à travers du cousté du cerf
au long de l'espaulle par devers le cousté

et oste l'espaulle, et ainsi face de l'aultre part. Puis oste le soubz gorcin : c'est une char qui est depuis le bout de la hampe par dessus la gorge jusques au goytron, et en couppe plain pié et face une fente et mette on forche. Aprés mette son coustel on jargel, qui est la cave, environ demy pié de la hampe et le fende ung pou au long. Puis preigne l'erbiere qui joint au jargel, qui est ainsi comme un bouel de char, et le fende ung pou au long ainsi comme le jargel et la couppe assez près du bout de la fente par devers la teste du du cerf, et le boute parmy la fente ung tour ou deux, affin que la viande qui est en l'erbiere n'en ysse parmy la fente. Puis couppe le jargel à l'endroit où il a couppé l'erbiere, puis boute son coustel au droit du jargel et de l'erbiere dedans la hampe, en tenant ou ses doiz le jargel et l'erbiere sans les descoupper pour les descharner. Puis les doit laisser aller et lever la vaine du cueur, que aulcuns appellent jargel et

pource qu'elle se tient au grant jargel, et
mettre au forche dessusdit. Puis lieve la
hampe et commance au bout dessus du
pis, et puis s'en veigne par ung cousté en
eslargissant son tail par dessus le ventre
droit à la cuisse, en couppant au rez de la
cuisse jusques au dessoubz du paviler; et
ainsi face de l'autre part. Et, quant il aura
couppé la chair du ventre tout au tour, si
la renverse sur la hampe, et soit osté le vit
tout au long jusques au cul. Puis tire à soy
la pance et la bouelle, et l'erbiere s'en viendra avecques la pance. Puis oste d'entre
les aultres le franc bouel, que on nomme
pusse ou bouel culier, et soit mis on forche dessusdit. Et, quant ce sera ousté,
couppe une char qui est au travers du corps
soubz le cueur au reez des coustez, et tire
à soy le cueur et les antrailles, et avecques
ce s'en viendra le jargel. Puis couppe la
hampe au travers du cousté tout d'une
part et la reverse de l'aultre part, et se
brisera par les jointes qui sont au cousté.

Et celuy monstrera comment il la levera aultre fois : car elle se doit lever par les jointes des coustez de chascune part, mais chascun ne le scet pas faire. Puis levera le collier que aulcuns nomment foul li lesse. C'est une char qui est demourée entre la hampe et les espaulles. Et vient tout en tour par dessus l'os du long de la hampe sur le jargel, et celle la mecte aussi ou forche. Puis levera les nombles : c'est une char et est une gresse avecques les roignons, qui est par dedans endroit les longes prés les deux cuisses. Et les œuvre et couppe par dedans ung pou des cuisses d'ung cousté et d'aultre. Et tourne son coustel tout en tour par dessus la cuisse et ira couppant tout au long par dessoubz les longes, si que les os de l'eschine demourent tous descouverts par dedans.

Et oste le sang, qu'il ne te nuyse, et garde qu'il chée dessus le cuir ; et puis si lieve les cuisses, preigne les deux jambes derriere et les croise l'une sur l'aultre, et puis si fiere contre terre. Puis couppe et descharne la chair des deux coustez qui tient les cuisses, si comme les cuisses se comportent, et couppe tout jusques à l'eschine et d'ung cousté et d'aultre, et desjoincte de la pointe de son coustel la joincte du neu de l'eschine qui est plus prés des cuisses, et mecte ung baston dessoubz et la ploie dessus le baston, elle rompera. Aprés si lieve le coul d'avecques les coustes, couppe le coul tout en tour reez à reez des espaulles par le bout de la hampe. Et face tenir à ung homme les coustes et torne le coul à force, si rompera d'avecques les coustes. Aprés il levera l'eschine : mecte le bout des coustes devers terre et l'eschine dessus, et encise tout au long de l'eschine de son coustel, d'ung cousté et d'aultre, selon la largeur de l'eschine. Puis couppe os et tout d'un cousté et d'aultre tout au long de l'eschine, selon qu'il aura encisé le-plus prés qu'il pourra de l'os de l'eschine et que les coustes s'entretiennent à

l'os du bout de la hampe, quant l'eschine
en sera hors. Aprés ce, levera la queue :
mecte les cuisses du cerf contre terre,
joinctes l'une près de l'aultre, le plus qu'il
pourra, si que la queue du cerf soit contremont. Puis aforche les deux jambes du
cerf par devers la queue et mette son
coustel ou bout de la cuisse, et encise en
venant droit à soy et en prenant sur les
cuisses en venant dessoubz le cul, et face
d'ung cousté comme d'aultre. Et s'il a
bonne venaison, si la couppe plus large
et la face espesse de char soubz la gresse,
et laisse ung pou de l'os corbin, si sera
plus ferme. Puis levera les cuisses hors
de l'os corbin, c'est l'os qui est sur le
trou du cul et où la vessie est, et mette
doncques les cuisses contre terre d'icelle
partie, dont il ostera la queue et reverse
bien les cuisses, et il verra deux grosses
joinctes de l'une partie et de l'aultre de
l'os corbin. Si descouppe sur les joinctes et
les reverse, et boute son coustel parmy

d'ung cousté et d'aultre tout au long de
l'os corbin, le plus prés de l'os qu'il
pourra. Aprés levera la teste du cerf d'a-
vecques le coul, bien prés des joes de la
teste tout en tour, et trouvera une jointe,
si boute son coustel parmy. Et couppe les
nerfs derriere, si face bien tenir l'ung
l'aultre. Et puis soit la teste torse, si se
vendra. Les morceaulx du forche que j'ay
dit dessus, sont des meilleures viandes
qui soient sur le cerf, et pour ce, se mettent au forche pour la bouche du seigneur.

Cy divise comment on doit faire le droit au limier
et la cuyrée aux chiens.

APRÉS quant il aura escorché et
deffait son cerf en la maniere
que j'ay dit, il doit prandre la
teste du cerf et la faire tirer à son limier,
en luy faisant grant feste et disant de
beaulx motz, lesquels seroient trop longs
et divers pour escrire; et, en ce faisant,

les aultres compaignons doivent decoupper
du pain menuement ou sang qui sera dedans le cuir du cerf, et, s'il a trop de
chiens, ou les chiens ont bien chassé ou
ilz sont meigres et pouvres, ainsi que
mieulx luy semblera, il puet faire decoupper dedans, meslé avecques le pain, les
espaulles et le coul du cerf, combien que
ce soit des droiz des vaneurs et des varletz
de chiens. Et tout quant qui est dedans le
corps du cerf, fors que les bouelles, mettre
à part, et la pance faire vuyder et laver et
trancher menuement dedans avecques l'autre curée. Et, s'il y veult mettre des cuisses
ou des coustez, mais que la venaison ne
soit trop grasse, il le peut faire pour faire
meilleure curée aux chiens; et, quant tout
sera decouppé dedans le sang, il doit faire
lever le cuir ou tout ce qui est dedans haut
de terre. Et il doit avoir les manches des
bras revirées, et mettre et tourner et mesler
le sang avecques la chair et le pain tout
ensemble. Et les autres varletz doivent

oster la fouillée que j'ay davant dit, qui
estoit pour soustenir le cuir, que le sang
n'allast dehors. Et puis il doit mettre le
cuir à terre, et les aultres varletz doivent
tenir chacun une verge pour deffendre que
les chiens ne viennent sus jusques à tant
que on veuille qu'ils manguent.

Aprés il doit fort huer, si haut que l'on
pourra, en disant : « Tielau ! » comme
quant il a veu. Et donc doivent venir les
chiens manger sur le cuir, qui mieulx
pourra. Et, quant ilz auront mangié la
moitié de la curée, ou plus, il doit prendre les bouelles du cerf, ung petit loing
de la curée, et les tenir haut en sa main,
affin que les chiens ne luy puissent oster.
Et doit encore fort huer : « Tielau ! » Et
les autres varlets doivent ferir des verges
aux chiens, affin qu'ilz laissent la curée et
aillent devers luy, en disant basset : « Appelle, appelle, appelle ! » et : « Oultre à
luy, oultre, oultre ! » Et, quant les chiens
seront à luy venus, il doit gecter les bouel-

les au millieu de tous, si en preigne qui
pourra. Et, quant ilz auront cela mangié, il
doit recrier sus la curée : « Arriere, arriere,
arriere ! » affin que les chiens tournent
mangier le demourant. Puis doivent corner, tous ceulx qui sont de la venerie,
prise, qui se corne comme j'ay dit en mon
Livre.

La curée se doit faire là où le cerf se
prent, ainsi comme j'ay dit. Toutesfois,
si aulcunes fois on le fait à l'hostel, ce
n'est mye trop mal fait; car, quant les
chiens ont appris à manger la curée à
l'hostel, et ilz ont failly un cerf loing, ilz
s'en retirent plus voluntiers la nuyt là où
ilz ont acoustumé de manger leur curée.
Toutesfois de le faire tousjours ne seroit
pas bon; car, quant les chiens sont las et
ung cerf leur fuyt de fort loing et par grant
chaleur, ilz le laissent voluntiers et s'en re-
tournent à l'hostel, en esperant tousjours
de trouver à l'hostel leur curée preste.

Comment l'assemblée se doit faire en esté et en yver.

AQUELLE assemblée se fait en telle maniere : la nuyt davant que le seigneur de la chasse ou le maistre vaneur vouldra aller en boys, il doit faire venir davant luy les veneurs, les aides, les varletz et les paiges, et leur doit à chascun assigner leurs questes en certain lieu et separé l'ung de l'aultre. Et l'ung ne doit point tenir sur la queste de l'aultre, ne faire ennuy. Et chascun doit quester en la maniere que j'ay dit, du mieulx qu'il puet. Et leur doit assigner le lieu où l'assemblée sera au plus aise de tous et au plus près de leurs questes. Et doit estre le lieu où l'assemblée sera en un beau pré bien vert où il y ait beaulx arbres tout en tour, l'ung loing de l'aultre, et une fontaine ou russel de lez. Et se appelle assemblée, pource que toutes les gens de la chasse et chiens s'y assemblent. Car ceulx qui vont en queste doivent tous revenir en certain lieu que je dy. Aussi font-ilz ceulx qui partent de l'hostel, et tous les officiers de l'hostel doivent là porter chascun ce qu'il luy fault selon son office, bien et plantureusement, et doivent estandre touailles et nappes partout sur l'herbe vert et mettre viandes diverses à grant fouaison dessus, selon le povoir du seigneur de la chasse; et l'ung doit manger assis et l'aultre sur piez, l'aultre acouté, l'aultre doit boire, l'aultre doit rire, jangler, bourder et jouer, et brief tous esbatemens et lyesses; et, quant on sera assis ès tables, avant que on manjusse, dont doivent venir les veneurs, aides et varletz de chiens, qui auront esté en queste.

Et chascun doit faire son rapport de ce qu'il aura fait et trouvé, et mettre les fumées davant le seigneur, celuy qui en aura. Et le seigneur ou maistre de la chasse, par le conseil d'eulx tous, doit regarder auquel il ira lesser courre, ne lequel sera plus grand cerf ne en meilleur muete. Et, quant ilz auront mangé, le seigneur doit diviser où les releis et levriers et deffences yront, et aultres choses, lesquelles je diray plus à plain quant parleray du veneur. Et puis doivent le seigneur et les aultres monter à cheval et aller lesser courre.

Comment on pourra congnoistre grant sangler
et parler de la chasse des bestes mordans.

APRÉS luy vueil apprandre à cognoistre grant ours ou grant sangler, et sçavoir parler entre les veneurs de la chasse des bestes mordans. Et, s'il voit d'ung sangler, qu'il luy plaise et qu'il luy semble estre grant sangler, ainsi qu'on dit du cerf chassable cerf de dix cors, il doit dire du sangler porc en tiers an, où il n'a point de reffus, et de moins, porc de compaignie. Et, s'il voit

grant signes que je diray après, il puet
dire qu'il est grant sangler. De la faison et
nature des sanglers et des aultres bestes,
pour le present je m'en tais. Et, se on luy
demande des mangues du sangler, les
mangues du sangler sont proprement
nommées de gland et de fayne. Aultre
maniere de mangue y a que l'on nomme
vermeiller. C'est quant ilz boutent et re-
versent la terre du groing devant pour
querre les vers et la vermine de la terre,
qu'ilz manjuent. L'autre maniere de manger est ès blez ou gaignaiges, ou ès flours,
ou aultres herbes. L'aultre maniere si est
quant il a fouche : c'est quant ilz font
grant fousses, et vont querir les racines de
la fougiere et de l'esperge dedans la
terre.

Et, se on luy demande à quoy il congnoist grant sangler, il doit respondre
qu'on le congnoist par les trasses, et par
la baux, et par le soueil. Et, se on luy demande à quoy il congnoist le grant san-

gler du jeune, et le sangler de la truye, il
doit respondre que grant sangler doit avoir
les trasses longues et les ongles ronds davant, et large soulle de pié, et bon tallon,
et longs os. Et, quant il marche, qu'ilz
entrent bien parfont en terre et facent
gros pertuys et larges et loing l'ung de
l'autre : car à grand peine verra-l'en, par
les trasses d'ung sangler, que on n'en voye
par les os. Et ce ne fait-on pas du cerf,
car on verra par le pié trop de fois que on
n'en verra jà par les os. Et du sangler, non :
car les os sont plus près du talon, qui ne
sont du cerf. Et aussi sont-ilz plus longs,
plus agus et plus taillans assez. Et, pour
ce tantoust que la fourme de ses trasses est
en terre, aussi y est la fourme des os. Et
voluntiers grant sangler fait pigasse, ou
davant, ou derriere, ou de chacun ; c'est à
dire que l'ung ongle de ses trasses est
plus longue que l'autre. Et, où il verra les
signes dessusditz plus grans, il le pourra
juger par les trasses pour plus grant, et de

moins moins. De la truye, encontre le sangler puet-il juger. Car une truye ne fait
pas si bon tallon comme fait un jeune porc.
Et aussi ses ongles sont plus longues et
plus agues devant que d'un jeune porc, et
aussi ses trasses plus ouvertes davant et
estroictes derriere. Et la solle du pié n'est
mye si large que d'un jeune porc, mais
qu'il ait deux ans; ne les os de la truye
ne sont mye si longs, ne si larges, ne si
loing l'un de l'aultre, comme ilz sont
d'ung jeune porc; ne n'entrent tant dedans
terre; mais sont gresles et menus, et agus
et courts, et prés l'ung de l'autre plus que
d'un jeune porc. Et ce sont les signes à
quoy on congnoist un jeune porc, mais
qu'il ait deux ans, de toutes truyes, par les
trasses, car des jeunes porcs de compaignie
ne dy-je mye.

Et, se on luy demande par la baux à
quoy il congnoist grant sangler, il doit
respondre que, si la baux du sangler est
longue, parfonde et large, ce sont signes

qu'il est grant sangler, mais que la baux
soit nouvelle et qu'il n'y ait geu qu'une
fois. Et, si la baux est parfonde, sans li-
tiere, et que le sangler gise prés de l'atre,
c'est signe qu'il ait bonne venaison. Et, si
on luy demande à quoy il congnoist grant
sangler par le soueil, il doit respondre
que, voluntiers, quant un sangler vient au
soueil, ou à l'entrée, ou à l'issue, on en voit
par les trasses ; si l'on puet juger comme
j'ay dit cy dessus. Aussi fait-il par le soueil
ainsi comme j'ay dit par la baux, combien
que aulcunesfois il se tourne d'ung cousté
et d'autre et amont et aval. Mais, nonob-
stant cela, encores puet-on veoir la
fourme de son corps. Aussi advient-il voluntiers que, quand un sangler s'est soillé
et il part du soueil, il se va froter à aulcun
arbre et lesse moillé l'arbre où il s'est
froté. Et illecques puet-on veoir la gran-
deur et haulteur de luy, combien que aulcunesfois du musel et de la teste il frote
plus hault qu'il n'est. Mais on puet bien

apparcevoir lequel est de l'eschine et lequel est de la teste.

Par les lesses, ne par les autres jugemens,
on ne puet congnoistre grant sangler,
se on ne le veoit, fors tant comme il fait
grosses lesses. C'est signe qu'il ait grant
bouel et qu'il soit grand sangler. Et par
les dents ou grez, quant il est mort : car,
quant les dents d'un sangler sont longues
ainsi comme demy coute ou plus, et sont
grosses et larges de deux doiz, ou plus, et
il y a gouttieres et combelletes tout au long
dessus et dessoubz, ce sont signes qu'il est
grant sangler et vieil, et de moins moins.
Et aussi, quant il a les grez, qui sont les
dents de dessus, grosses et usées des dents
de dessoubs et jaunes, c'est signe de grant
sangler.

Comment on doit aller en queste pour le sangler.

ET le varlet qui est nouvellement fait doit aller en queste pour le sangler en telle maniere, au commencement de la saison des sanglers, qui est, comme j'ay dit en mon Livre, vers la Sainte Croix de septembre ; et il y a encores aux champs des demourans des blez et aultres fruitz, de quelque condition qu'ilz soient ; là doit-il aller pour rencontrer le sangler, car voluntiers y vont, et aux vignes et pommes, soient sauvages ou non. Et, quant les fruitz de la terre sont recueillis, que on n'en trouve plus sur les champs, ne pommes ne raisins, lors doit-il aller ès foretz où il y ait du gland et de la fayne. Et, quant le gland et la fayne ont passé leur saison, lors doit aller en queste aux fouges pour les racines qu'ilz manjuent et de l'esparge. Et aussi puet-il aller en queste ès mares et marrhez et ruisseaulx, pour encontrer au soueil et au mangier. Car aulcunesfois le gland chet ès ruisseaulx, et les porcs les y viennent bien querir quant toutes mangues leur sont faillées.

Et, s'il en encontre, il le doit destourner en telle maniere. Les sanglers, comme j'ay dit, demeurent voluntiers en fort pays ou de boys ou de bruyeres ou d'ajongs, et aulcunesfois ilz demeurent bien ès haultes fustaies, mais que de bas ayt aulcun fort. Et, s'il encontre d'ung sangler qui luy plaise en aulcunes questes que j'ay dit dessus, et il entre ès haultes fustaies, combien qu'il y puisse demourer, poursuive hardiment, et s'il en fait aller, ne puet trop grever. Car il est de bon raproucher, meilleur que nulle autre beste, pour l'orgueil qu'il a; toutesfois il y a bien des sanglers malicieulx, qui tantoust, comme ilz auoient ung chien, ilz s'en vont que jà de tout le jour ne le rapprouchera-l'on, aussi bien, comme si troys chiens ou quatre le chassoient. Et, pour ce, je loue pour le mieulx que, s'il encontre d'ung sangler, il ne poursuye pas trop, especiallement si entre en fort pays où il lui semble qu'il puisse et doyve bien demourer; mais, quant il verra qu'il entrera en bon pays, si face illecques ses brisées et preigne autour, atout son limier, ainsi comme j'ay dit à la queste du cerf, et s'en reviengne à l'assemblée.

Comment on doit aller laisser courre pour le sangler.

ET doit le varlet des chiens tout ainsi faire sa suyte et laisser courre le sangler du limier, comme je dis du cerf. Aussi l'assemblée se doit faire en yver pour le sangler, comme en esté pour le cerf, fors tant que ceulx de la venerie doivent estre vestus de gris, et, en la saison du cerf, de vert. Et, à l'assemblée du sangler, doit avoir quatre grans feux au moins, et l'ung pour les seigneurs, l'aultre pour chauffer tout homme ; l'aultre pour la cuisine, pour rousser ou pour reschauffer les viandes ; l'aultre pour les chiens, et varletz de chiens et de levriers, et paiges.

Cy aprés divise comment on doit enferrer le sangler.

E T, si le sangler luy vient courre sur le visaige, il doit venir contre luy non pas courant, mais trotant, les renes de sa bride bien courtes. Et ne doit point regarder au sangler, ne à ce qu'il fera, mais penser et adviser par où il pourra asseoir son coup. Et, s'il fiert de l'espieu, il doit ferir de hault en bas, si fort comme il pourra, en se levant sur les estriers ; et doit tout veneur chevaucher court ainçoys que long : car il est plus aise, et moins en griefve son cheval. Car, s'il monte une couste, il se puet soustenir sur les estriers, et ne grevera mye tant son cheval. Et aussi se puet tourner et virer çà et là, et besser. Et, s'il chevauchoit long, il ne le pourroit faire. Aussi dy-je qu'il en est plus aise, et plus delivre en toutes armes, soient de paix ou de guerre.

Aulcunes gens fierent le sangler de l'espieu dessoubz main; aulcuns mettent l'espieu dessoubz l'esselle, ainsi comme s'ilz vouloient jouster. Et ce sont deux nices contenances : car ilz ne puent faire grant coup. Et, s'il veult descendre aux aboys emmy les fors, ce ne sera mye de mon conseil, s'il n'y a levriers ou allans ou matins. Car, s'il fault à le bien ferir, ce qu'on fait bien voluntiers, car il se couvre trop bien de la teste, le sangler ne le fauldra pas à le tuer ou blessier. C'est grant peril de se mettre en adventure de mourir, ou d'estre meshaigné ou affollé, pour si pou d'honneur ou prouffit conquerre. Car

j'en ay veu mourir de bons chevaliers, es-
cuyers et servans. Toutesfoys, s'il n'est
foul, il doit avoir son espieu croysié, bien
agu et bien taillant, à bonne hampe et
forte. Et doit regarder son coup, qu'il ne
faille, et tenir son espieu au meilleu autant
davant comme derriere. Car, s'il le tenoit
trop court davant, pour tant qu'il ferist le
sangler, à ce qu'il a longue teste, le musel toucheroit jà à luy. Car l'espieu entre-
roit tousjours dedans, et le sangler seroit
trop prés de luy : si le pourroit blesser ou
tuer. Et, quant le sangler vient à luy, il ne
doit mye tenir la hampe dessoubz l'esselle,
pour mieulx asseoir son coup, et pour
tourner sa main là où mestier sera. Mais,
dès qu'il aura feru, il doit mettre la hampe
dessoubz l'esselle et bouter bien fort. Et,
si le sangler estoit plus fort que luy, il
doit gauchir ores d'une part et d'aultre,
sans lesser l'espieu, et tousjours bien bouter jusques à tant que Dieu luy aide, ou
secours luy soit venu.

Quant levriers ou allans le tiennent, on
le puet bien ferir seurement; ou à cheval
le tuer sans levriers ne allans, ou de l'espieu ou de l'espée; car le plus grant peril
est du cheval. Et, s'il le veult tuer de l'espée, et il n'y a ne limier ne allans, et il luy
veult courre sus visaige à visaige, il doit
venir trotant acoursies les renes de la
bride, comme j'ay dit. Et doit avoir son
espée de long de quatre piés d'allemelle,
de quoy la moitié qui sera devers la croix
ne taille ne d'une part ne d'aultre. On doit
ferir le sangler, avant qu'il fiere par davant
le pis de son cheval, à la droite main, et
doit-on ferir grant coup et se lesser tout
peser dessus. Et, s'il est fort feru, le sangler ne fera jà mal coup, mais, pource qu'il
vient de si grant force, il y a grant peril,
et j'en ay veu de gens plaiez et affollez,
qui du taillant de l'espée se blessoient au
genoil ou en la jambe : pource, dy-je que
l'espée ne taille point de tant que j'ay
dit. Et c'est belle maistrise et belle chose,

qui bien scet tuer ung sangler de l'espée.
Et, si le sangler ne luy veult venir courre
sus, il doit ferir des esperons, après luy
courant, et le ferir par derriere, là où
mieulx pourra entre les quatre membres,
et s'en passer oultre : car, quant le sangler se sent feru par derriere, il se tourne
tantoust et fiert le cheval ès jambes davant, et tombe aulcunesfois tout à terre
homme et cheval. Aussi, dy-je que, quant
il luy vient courre sus visaige, il ne doit
mye arrester sur luy, mais ferir et passer
oultre, affin que ne blesse luy ne son
cheval.

Et, quant il l'aura tué, il doit corner
prise comme d'un cerf. Aussi puet-on prandre sangliers en ventriant, qui se fait ainsi.
Quant ung homme scet qu'il a mangues, en
une forest, ou de gland ou de fayne, et ce
sera après le premier somme, et les sangliers sont allez à leurs mangues, et il
sçaura où les mangues sont, il doit venir
là tousjours au dessoubz du vent. Et puis

doit lesser aller ung chien sans plus, sans
dire mot, et le chien qui aura le vent des
sangliers, car il sera au dessoubz du vent,
les yra abayer tantoust : dont doit lesser
aller tous ses aultres chiens et levriers, et
allans et mastins, sans dire mot. Et ilz
iront tantoust là où le chien a abboyé.
Car ilz auront le vent des sangliers, et les
porcs n'auront pas le vent des chiens, jusques à tant qu'ilz soient sur eulx; et ainsi
en prandra deux ou troys, ou au moins
ung.

Cy après divise comment on doit deffaire
le sangler.

E T, premierement, quant le sangler est pris, ainçoys qu'il soit
trop refroidi, il lui doit ouvrir
la gueulle tant comme il pourra, et mettre
un baston entre les deux messelieres dessoubz et dessus, qui luy face tousjours te-

nir la gueulle ouverte. Après luy doit
coupper la hure. Et devez sçavoir que,
ainsi que on doit appeller du cerf et des
doulces bestes la teste, ainsi doit-on appeller, d'ours, de sangler, de loup et de
bestes mordans, la hure. Donc preigne le
sangler par la hure et l'encise tout autour
troys doiz de l'oreille par dessus le coul, et
taille tout autour jusques à l'os du coul,
et luy desnoue et torse la teste, et elle s'en
viendra. Puis luy doit oster les trasses en
telle maniere : preigne le dextre pié davant et couppe par dedans la joincte ;
et, quant la joincte sera couppée, couppe
le cuir au long de la jambe, vers le corps,
et en celle pel doit-il faire ung pertuys,
pour la tenir ou pendre là où l'en vouldra.
Et ainsi mesmes l'aultre pié davant. Ainsi
couppe les deux piez derriere, à la premiere
joincte prés des os. Et face, comme dit
est davant, et mette ung baston de pié et
demy de long entre les deux jambes devant. Et aussi aux derrieres parmy deux

pertuys qu'il y face. Puis preigne long baston fort, et le mecte tout au long, dessoubz les bastons dessusditz, et soit pris par les deux boutz ledit baston, et le sangler leve et porte sur le feu, et illecques soit bien fouaillé et bruslé. Et devez sçavoir que fouail doit-on appeller de sangler, ainsi que on doit appeller cuirée de cerf, pource qu'il se fait sur le feu et cuyrée sur le cuir du cerf, et soit tourné, puis d'une part, puis d'aultre, tant que nul poil n'y demeure, mais soit gardé qu'il ne se arde trop. Et soit bastu tout autour, de bastons, et bien fort, affin que tout le poil en chée. Et puis bien reffroter d'ung torchon; puis le doit tourner sur le dos, les piez et le ventre contremont, et doit fendre les suites et bouter sur le ventre de son genoil, et trayre les suites hors. Aulcuns les ostent, tantoust que le sangler est mort, pour manger, mais le droit est de les gecter sur le feu pour les chiens.

Aprés doit prandre le jambon droit da-

vant, et, en droit du cousté, il doit enciser
le cuir, de son coustel, tout autour, et doit
bouter son coustel entre le cuir et la chair
et coupper la chair aval. Puis doit tirer à
soy le jambon en tortant, et ferir du cul
d'une hache, et l'os rompra. Puis doit
coupper et cuir et char, endroit la rompure
de l'os, et doit mettre le jambon appuyé
sur les coustez du sangler, et à terre, affin
que le sangler se tiengne, qu'il ne chée de
celle part. Et face ainsi de l'aultre jambon ;
et des derrieres, à la joincte qui est davant
du genoil hault, que on appelle la truffe : là
le doit-il desjoindre et coupper entre le cuir
et la chair, tout autour de la joincte, jusques au derriere de la char du jambon,
plus hault que le jarret. Et ainsi mesmes en
l'aultre, et les doit appuyer sur chascune
cuisse, affin que le sangler se tiengne
droit. Et doit fendre le cuir sur le vit, et
fendre tout entour en equarrie de deux
doiz de chascune part. Puis doit tirer le
vit à soy et le descharner jusques là bas où

les suites estoient, et là doit-il coupper.
Puis doit-il coupper, dès la gorge, d'une
part et d'aultre, entre les deux jambons,
tout au long de la poictrine, en eslargissant son tail ainsi comme viendra plus
aval jusques au fons du ventre et des
cuisses, et puis doit cela reverser dessus
la poitrine, puis doit coupper les os entre
la poictrine et les coustez de chascune
part, et coupper tout oultre devers la
gorge. Puis doit traire hors la bouellé et
la pance, et tout vuydé soit gecté sur le feu
pour les chiens.

Aulcuns manjuent le glainner du sangler et la ratelle et le foye, mais, par raison,
doit estre des chiens, si doit estre tout
gecté sur le feu : puis doit lever les nombles, ainsi comme j'ay dit du cerf. Et est
le droit que celuy qui serve de l'espée,
sans aide de limier ne d'allant, en Gascoigne et en Languedoc, les doit avoir.
Tout le sang du sangler doit estre gardé
dedans un vessel pour faire le fouail aux

chiens, puis doit tourner le sangler à ventrillons et lever l'eschine. Et doit com-
mancer à lever l'eschine au bout, dessoubz
le coul, de la largeur de troys doiz et d'une
part et d'aultre de l'eschine. Il doit enciser de son coustel jusques à la queue, et
puis coupper os et tout, selon ce qu'il aura
encisé. Et puis oster l'eschine des coustez,
que l'on doit appeller lez, et de cerf coustez, et aussi le bourbeillier du sangler, ce
qu'on doit appeller la hampe du cerf. Et
quant l'eschine est levée, dont demeurent
les deux lez chacun à part soy. Et ainsi
se deffaict sangler, en Gascoigne et en Languedoc, de ceux qui le sçavent faire. Aussi
fait-il en Bretagne, mais en France ay-je
veu que on levoit la queue du sangler, ainsi
qu'on fait du cerf, et ung collier tout entour le coul tout à travers, qui a troys doiz
de lez ou environ, et celuy collier tient à
l'eschine.

Comment on doit faire le fouail de sangler
et le droit aux chiens.

APRÉS, doit faire le fouail et le droit aux chiens en telle maniere comme j'ay dit du foye et de la ratelle. Tout quant qui est dedans le sangler doit estre mis au fouail sur le feu, pour faire le droit aux chiens, et les boyaulx tourner, puis d'une part, puis d'aultre, sur le feu ; et bastre de bons bastons, et puis retourner sur le feu troys fois ou quatre, jusques à tant qu'ilz soient bien cuitz, et vuydes. Et on doit prandre du pain selon les chiens qui y sont, ou pou ou trop, et faire plateaulx tout autour du pain. Et puis ces plateaulx moueller dedans le sang que on aura gardé dedans le vessel, et gecter sur les breses les ditz plateaulx ensanglantez, et d'une part et d'aultre tourner, puis soit decouppé et boyaulx et pain, et tout quant que le sangler avoit dedans soy, et meslé ensemble. Et, quant il sera un pou froit, si fort hue les chiens et les face manger.

L'on fait le fouail aux chiens pour deux choses : l'une, car la chair ne le sang du sangler n'est point si plaisant ne si savoureux à manger aux chiens comme est du cerf ou d'aultre beste rousse. Et, pour ce, quand elle est cuyte, elle est plus savoureuse et plus voluntiers la manguent. Et aussi elle leur fait plus grant bien, quant elle est cuyte et chaulde, que si elle estoit crue et froide. Car, on temps que on chasse les sanglers, il fait grant froit, et, par avanture, les chiens auront passé eaues, ou aura pleu sur eulx. Ainsi que le feu, quant ilz sont revenus à l'hostel, leur fait grant bien pour la froideur et pour les ressuer, tout ainsi leur fait grant bien le fouail quant il est cuyt, car il leur eschauffe dedans tout le corps. Et doit estre faicte la cuyrée du cerf, par droit, là où les chiens le prennent, comme j'ay dit, se on a de quoy la faire, ou il n'est trop tard. Et du sangler doit estre fait le fouail quant on est revenu à l'hostel. Ores, si le varlet des chiens apprent bien ce que j'ay dit et ayme son mestier, et y a bonne diligence, et est subtil, et a bonne congnoissance et bon sens naturel, je vous prometz qu'il sera bon varlet de chiens et bon veneur.

NOTES

Page 1, ligne 1. *Divise*, devise, explique, expose. — Dans le patois du Berry, *diviser* est dit pour *deviser*, et l'italien *divisare* a le même sens.

— — *Queste*, quête, recherche du gibier.

— 2. *Entre les...*, dans les... aux...

— 3. *Se*, si.

— 5. *Tremois* (c'est le *trimense triticum* des Romains), grains semés en mars et qu'on récolte en juillet. — Blés de mars. — Furetière (*Dictionnaire universel*) dit aussi : « *Trémois*, menus blez qu'on sème en mars, comme avoine, orge, vesse, mélez ensemble. »

— — *Choses*, endroits, récoltes.

— 6. *Viander*, pâturer, manger.—Voir ci-après, page 24, lignes 18 et suivantes.

— 7-8. *Et y aille..., mais qu'il puisse...*, qu'il y aille..., mais seulement quand il pourra...

— — *Jugier*, juger. — L'appréciation que l'on fait de l'âge, du sexe et des qualités d'une bête, en considérant l'empreinte laissée par son pied, ses fumées (excréments) et les autres indices de son passage, reçoit, en vénerie, le nom de *jugement.* Lorsque le veneur a tiré des conséquences exactes, on dit que *l'animal a été bien jugé.* (J. La Vallée, *Technologie cynégétique*, v° *Jugé*.)

— 9. *Chose*. Ce mot signifie ici *signes*, *indices* du passage d'un animal.

P. 1, l. 9. *Puet*, peut.

— 9-10. *Gecter ses brisées*, jeter ses brisées. — Lorsque le veneur fait le bois, il doit laisser sur son chemin, dans tous les endroits où il se détourne, un rameau qu'il détache de quelque arbre voisin. Il ne doit pas le couper, il faut qu'il le prenne entre le pouce et l'index, et qu'il le brise par un coup sec en levant un peu la main. Ensuite, il achève de l'arracher en tirant à lui, sans le tortiller. Ce rameau se nomme *brisée*. On doit poser le gros bout, c'est-à-dire celui qui a été cassé, dans la direction de l'endroit vers lequel on s'avance. On place également des brisées sur la voie des animaux que l'on trouve rentrés dans l'enceinte. Si l'on a crainte que le vent ou les passants ne viennent à déranger ces brisées, on peut ne pas entièrement détacher le rameau, on le laisse pendre à la branche après l'avoir cassé. C'est ce qu'on appelle une *brisée haute* ou *frête*. Tandis que le rameau posé à terre se nomme *brisée basse* ou *bassée*. (J. La Vallée, *Technologie cynégétique*, v° *Brisées*.) — Voir aussi ci-après, page 5, lignes 15-17.

2, 2. *Es*, dans.

— 4-5. *A la veue*, à la vue, en quête dans les champs, là où le valet·de limier peut plus facilement voir les traces du passage du gibier.

— 6. *Jà*, certes, surtout.

— — *Ne laisse de..*, ne s'abstienne, ne manque de...

— — *Atout*, avec.

— 9-10. *Se mect... au..*, rentre... au...

— — *Qu'il...*, que le valet de limier...

— 12. *Fors*, forts, bois fourrés, épais.

— 13-14. *Se bouter*, entrer, pénétrer.

— 15. *A haulte heure*, tôt, de bonne heure. Voir la note des lignes 9-10 de la page 13.

P. 2, l. 18. *Emmy* (ou *enmi* et *en mi,* du latin *in medio*), au milieu de, dans.

— 19. *Ne,* ni.

3, 3. *Affetté,* dressé.—Le verbe *affetter, afetier, afeytier* ou *affaiter* vient du latin *affectare,* composé de *ad,* à, et *factare,* fréquentatif de *facere,* faire. L'espagnol *afeitar* signifie parer, raser, accommoder, arranger, et dans certains pays de Champagne on disait autrefois *afaiteure,* pour achèvement, perfection. (P. Tarbé, *Recherches sur l'histoire du langage et des patois de Champagne,* t. II, p. 5.) En fauconnerie, où il était surtout usité, *affaiter* avait le sens de dresser des oiseaux pour la chasse.—Voir Desgraviers, *le Parfait Chasseur...* Paris, Demonville, 1810, p. 307.

— 3-4. *Ainsi qu'il ne crie point,* afin qu'il ne donne pas, à ne point donner de voix sur la voie d'un animal.

— 4. *Car il en feroit aller,* car il ferait partir le gibier.

— 5. *Et si soit ..,* surtout s'il est...

— 7. *Encontre,* rencontre, trouve une piste, une voie. — Quand les émanations laissées par le gibier sur sa piste viennent frapper l'odorat du chien, celui-ci change aussitôt d'allures, il marche avec précaution, les oscillations de sa queue deviennent moins larges et plus rapides ; on dit alors qu'il *rencontre.* (La Vallée, *Technologie cynégétique,* v° *Rencontrer.*)

— — *Si,* ainsi.

— — *Le tiegné court,* raccourcisse le trait. — *Trait,* corde de crin de trois à quatre pieds de long et de la grosseur du doigt, qui, étant attachée à la plate-longe de la botte (collier) du limier, laisse au chien la liberté de marcher et de travailler devant le valet de limier.

(D'Yauville, *Traité de vénerie, vocabulaire particulier du valet de limier.*)

P. 3, l. 8-9. *Regarde de quelle beste c'est*, cherche à voir par les traces (pas) ou quelque autre indice quel animal son chien rencontre.

— 12. *Illecques*, là.

— — *Se retraye* (*retraire*, du latin *retrahere*), se retire.

— 16. *Cleriaux*, pour *clairiaux* ou *clariaux*, bois peu fourrés.

— 18. *On*, en, au.

— 19. *Testes molles.* En vénerie, on apppelle *tête* la ramure ou les bois du cerf, du daim et du chevreuil. Ces bois tombent chaque année ; chez le cerf, du mois de février jusqu'en mai, selon l'âge de l'animal, les vieux cerfs *muant, mettant bas leur tête* les premiers. La nouvelle ramure met quatre mois et demi ou cinq mois à repousser. Avant d'être *refaite*, elle se compose d'un cartilage assez tendre, recouvert de peau, qui se durcit et s'ossifie peu à peu ; mais jusque-là le cerf prend grand soin de ne point heurter sa *tête* contre le bois, qui le blesserait. — *On temps que les cerfs ont les testes molles*, alors que les cerfs refont leur tête.

— 21. *Fort pays*, bois fourrés, épais.

4, 9. *Assentir*, percevoir les effluves odorants restés sur la piste du gibier. (La Vallée, *Technologie cynégétique.*)

— 11-12. *De bonne erre.* Les erres du gibier sont le chemin par lequel il a erré. Ce mot est donc synonyme de route et de voie. Il s'applique aussi à l'empreinte laissée sur le sol par le pied de la bête ; enfin, il sert encore à distinguer le pius ou moins de temps qui s'est écoulé depuis que le pied du gibier s'est imprimé sur le sol. Lorsque la voie ne conserve plus ou presque plus de sentiment, on dit que la bête *va de hautes erres* Si la trace est nouvelle, au contraire, elle *va de bonnes erres* ou *de bon temps*. (La Vallée, *Technologie cynégétique*, v° *Erres*.) — Voir aussi ci-après, page 17, lignes 5-9.

— P. 4, l. 14. *Davant* (pour *de avant* ou *d'avant*), de devant.

— — *Mye*, mie, pas.

5, 1. *Coustez*, côtés.

— 4. *Font pigasse*, sont pigaches, ont à un pied l'une des *pinces* (extrémités antérieures) plus courte que l'autre.

— 5. *Pou*, peu.

— 7. *En son cor*, dans le pavillon de sa trompe, pour les porter à l'assemblée. Voir ci-après, page 53, lignes 10-12.

— 8. *Guiron*, giron.

— 10. *Se hasleroient*, se sécheraient.

— 12-14. *Traire l'embouchement pour le mettre au fort entre les champs et le boys*, tirer, faire le rembûchement à travers les champs et le bois, de manière à pouvoir déterminer l'endroit où l'animal rentre dans le fourré. — *Rembûchement*, endroit par lequel un animal rentre dans une enceinte : s'il va et vient, c'est faire un *faux rembûchement*. — *Rembûcher un animal*, c'est suivre la voie jusqu'à la coulée par laquelle il se rembûche. (Desgraviers, *Essai de vénerie, ou l'Art du valet de limier, vocabulaire des termes de vénerie*.)

— 16. *Devers*, du côté de.

— 21-22. *Assemblée*, réunion en un lieu désigné d'avance des veneurs qui doivent prendre part à la chasse.

— — *Tel rapport*, son rapport sur l'animal qu'il a détourné.

P. 6, l. 3-4. *Realler la contre ongle*, prendre le contre-pied.

— 5. *Mais garde que...* mais il doit prendre garde, éviter que...

— 8-9. *Mais garde qu'il ne preigne par...,* mais il doit avoir soin de ne pas prendre, suivre par...

— 10. *Voies.* Ce mot a ici le sens de chemins.

— — *Mauvais traire,* mauvaise suite. — On *fait suite* d'un animal lorsqu'on met sur la voie un limier ou un autre chien que l'on tient au trait, et qu'on y persiste jusqu'à ce qu'on ait lancé la bête ou que l'on ait dressé (indiqué) la voie. (La Vallée, *Technologie cynégétique,* v° *Suite.*)

— 12. *Trespasse... routes,* outre-passe, s'emporte au delà des voies de l'animal. — *Routes,* voir ci-après, page 17, lignes 7-9.

— 14-15. *Jusques à tant qu'il ait mis dedans son tour,* jusqu'à ce que, en faisant son enceinte, il se soit assuré que l'animal n'en est pas sorti.

— 17-18. *Laisser courre,* c'est « faire courre la beste aux chiens courans ». (Salnove, *la Vénerie royale, dictionnaire des chasseurs.*)

— 20. *Je loe,* je loue, j'approuve.

— 23. *Assenez,* enceintes. — Dans ses *Recherches sur l'histoire du langage et des patois de Champagne* (t. II, p. 11), P. Tarbé cite le mot *asceint,* en lui donnant la signification d'enceinte, clos.

7, 5-6. *Prennent les buissons.* — « Quand les cerfs ont mué et jetté leur teste, ils commencent à leur retirer, et *prendre leur buisson,* se recelans et cachans en quelque beau lieu près des gaignages et de l'eau, sur le bord des champs, afin d'aller aux legumes, bleds et autres viandis.... Se recelent les cerfs, quand ils auront mué, pour beaucoup de raisons. La premiere, parce qu'ils sont maigres et foibles à cause de l'hyver, n'ayans la force d'eux pouvoir deffendre ; et aussi qu'ils commencent à trouver de quoy vivre ; et alors prennent leur repos pour faire leur chair. L'autre raison est qu'ils ont perdu leurs armes et deffenses, qui sont leurs testes, et ne s'osent monstrer, tant pour la crainte des bestes que pour la honte qu'ils ont d'avoir perdu leur force et leur beauté. » (Du Fouilloux, *la Vénerie*, chap. XVIII et XIX.)

— P. 7, l. 6. *Dès Pasques*, depuis Pâques.

— 8. *Ruyt*, rut.— « Les cerfs commencent à aller au *rut* environ la my-septembre, et dure le *rut* près de deux mois. Et tant plus ils sont vieux, et plus sont chauds de la biche, et mieux aymés ; ce qui est au contraire des femmes, qui ayment volontiers mieux les jeunes. » (Du Fouilloux. *Ibid.*, chap. XVII.)

— 9. *Saison.* — Autrefois les veneurs ne cherchaient pas uniquement le plaisir dans l'exercice de la chasse ; ils voulaient encore y trouver un produit utile.... On s'attachait donc soigneusement, à cette époque, à poursuivre chaque espèce de gibier pendant le temps où sa prise pouvait être la plus avantageuse, lorsqu'il était le mieux en chair, et qu'il avait atteint toute sa vigueur. C'est ce laps de temps que l'on appelait *la saison*. Chaque animal avait la sienne. La saison du cerf, que l'on nommait aussi *cervoison*, commence à la Sainte-Croix de mai, pour finir au milieu de septembre. (La Vallée, *Technologie cynégétique*, v° *Saison*.)

— 19. *Ouoye*, oye, entende.

8, 2, *Brief*, bref.

— 5. *Coy*, coi (du latin *quietus*), sans bouger, sans rien dire.

— 10. *Ne se forvoient de....*, ne s'écartent de...

— 12. *Accouplez*, quoiqu'ils soient encore couplés.

P. 8, l. 12-13. *Et quand ce viendra au laisser courre,*
et quand on donnera l'ordre de laisser courre les chiens,
de les découpler.

— 15. *Couples.* — *Couple* (du latin *copula*, lien),
corde de crin dont chaque extrémité forme un nœud
coulant nommé *couplon* ; on s'en sert pour réunir les
chiens deux à deux, comme on dit en vénerie pour les
coupler. Afin que les chiens ne s'étranglent pas en tirant
sur la couple, on fait dans l'intérieur du couplon un
nœud fixe, ce qui ne permet pas au nœud coulant de
se fermer entièrement. (La Vallée. *Technologie cynégétique,*
v° *Couple.*)

— 19. *Quants* (du latin *quantus*), combien de.

— 21-22. *En les appellant et cornant,* en les appelant
(ou plutôt en *huant,* comme on disait alors) de la voix et
avec le cor. Le XXVIe chapitre de *la Chasse* de Gaston
Phœbus, dont *le Bon Varlet de chiens* n'est qu'un
extrait abrégé et rajeuni, est intitulé : *Ci devise comment
on doit huer et corner.*

— — *Faillent,* manquent.

9, 2. *Sy aille...* qu'il aille, il doit aller...

— 6. *Esbattre,* s'ébattre. — Selon d'Yauville aussi,
les chiens doivent être « promenés ou menés à l'*ébat*
deux fois par jour : on les sort à cinq ou six heures du
matin, et à quatre heures et demie ou à cinq heures du
soir dans l'été ; et à mesure que les jours raccourcissent,
on retarde le premier ébat et on avance le second : en
sorte que, dans l'hiver, l'un ne peut être commencé
avant sept heures et demie du matin, et que l'autre doit
être fini à trois heures et demie du soir. Chaque
promenade est d'une demi-heure dans l'hiver et d'une
heure au moins dans l'été. » (*Traité de vénerie,* article IV,
chap. IV.)

— 7. *Sont en sejour,* ne chassent point.

P. 9, l. 8-9. *D'unes petites...*, avec de petites...

— 12-14. *Et manifestement* (Phœbus avait écrit *maintes fois*, qui se comprend mieux) *en ay debastu avec.....,* *par trop de raisons,* et, à l'aide de nombreuses raisons, j'ai prouvé le bien fondé de mon opinion contre le *séjour* des chiens, en discutant avec...

— — *Huet des Ventes.* Dans *la Vénerie* (ch. XLI) de du Fouilloux, ce célèbre chasseur est appelé Huet *de Nantes.*

— 18. *L'enfant,* le valet, le page. Voir ci-après, page 14, ligne 3.

— 19. *Garir,* guérir.

10, 2-3. *Ou soient clercs ou laiz,* qu'ils soient membres du clergé ou laïques.

— 3. *Se truandist* (*truander* ou *truandir,* venant de *truand,* vaurien, vagabond, mendiant), s'abâtardit, s'appauvrit.

— 5. *Et en cherront,* et en tomberont.

— — *Par adventure,* fortuitement, peut-être.

— 7-8. *Sont au sejour,* ne travaillent pas, ne marchent pas.

— 11-12. *Au partant de la mue,* après la *mue.* — Chaque année, pendant l'automne, tous les oiseaux *muent,* c'est-à-dire perdent leurs plumes pour en reprendre de nouvelles. Certaines espèces assez nombreuses, et parmi elles les divers oiseaux de proie employés jadis en fauconnerie, subissent encore une seconde mue au printemps. Cette dernière, probablement à cause de l'état de domesticité qui leur était imposé, constituait pour les oiseaux de vol une véritable maladie ; on les enfermait alors et ils devenaient l'objet des soins les plus assidus. Voir notamment de Boissoudan, *Le Faucounier parfait...,* chap. XXIV.

P. 10, l. 14. *Essaymés,* essimés. — *Essimer un oiseau,* le faire maigrir, soit en rationnant sa nourriture, soit en lui donnant des *cures* (pilules faites avec des plumes, de l'étoupe ou du poil, de l'ail, de l'absinthe et de la rue). — Le vieux verbe *chemer* ou *se chêmer,* qu'on trouve encore dans quelques dictionnaires, semble bien, comme *essaimer* ou *essimer,* venir du latin *semis,* demi, moitié.

— 16. *Jeu,* ou plutôt *geu,* participe passé du verbe gésir. — *Qui est fort jeu,* qui est resté trop longtemps couché.

— 21. *Roignes,* rogne, gale invétérée. — Selon du Fouilloux, la rogne est « la galle commune, la galle noire, qui est soubz le cuir, laquelle fait tomber tout le poil » du chien. (*La Vénerie, des receptes pour guarir les chiens...*)

11, 5. *Pourtant que,* pour peu que, lorsque, si.

— — *Faillye,* passée.

— 7. *A force.* Voir la note qui se rapporte à la ligne 4 de la page 13 ci-après.

— 9. *Mais à levriers à hayes ou aultres harnoys.* — *Hayes.* Ces haies, le plus souvent vives, mais parfois aussi sèches, assez élevées et épaisses, étaient plantées en plein bois, sur la lisière d'une forêt, voire même en plaine. Elles formaient de longues lignes brisées, aux angles desquelles se trouvaient des *lassières* (bourses en filet), disposées de manière à envelopper le gibier, lorsque, fuyant rabatteurs et chiens courants, il se précipitait dans leurs mailles. Sur les côtés des haies, quelquefois même en avant, des valets, dissimulés sous des feuillages ou des tentes, tenaient des laisses de grands levriers qu'ils lâchaient, au passage, sur le gibier, pour le jeter aussi dans les lassières. Ce mode de chasse, qualifié par Gaston Phœbus de « déduit d'omme gras ou d'omme vieill ou qui ne veut travailler (ne pas se donner de peine) », permettait de prendre facilement beaucoup de cerfs, de chevreuils, de loups et de sangliers. (Voir *la Chasse* de Gaston Phœbus, chap. LX, et Clamorgan, *la Chasse du loup*, ch. X.) M. Peigné Delacourt, dans une savante et très-judicieuse monographie (*la Chasse à la haie*, Paris, vᵉ Bouchard-Huzard, 1858), démontre qu'il dut être employé dès les temps les plus reculés. — *Aultres harnoys*, autres engins, instruments, procédés. — Parmi ces derniers, il faut évidemment comprendre la chasse au *cours*, à *la courre*, ou à *l'accourre*, dans laquelle de nombreuses laisses de lévriers placées en plaine portaient rapidement à terre un animal lancé hors d'une forêt voisine par des traqueurs et des chiens courants. Voir Clamorgan, *la Chasse du loup*, ch. IX.

P. 11, l. 10-11. *Soient... à la voye et à la char*, soient... mis sur la voie de l'animal, le courent, et mangent de sa chair. — Le meilleur moyen de dresser des chiens courants est de leur faire curée de l'animal qu'ils ont pris.

— 14. *Paistre*, paître, nourrir.

— 18. *Lunages* (*lunage*, ancienne forme de *lunatique* et venant comme lui du latin *lunaticus*, dont la santé suit le cours de la lune), lunatiques, fantasques, changeants.

— 21. *Traye*, tire, sépare.

12, 1-2. *Aulcune advantaige de...*, plus de...

— 19. *Alaschir le cueur*, faire perdre le courage, affaiblir, fatiguer.

— 21. *Mors*, morceaux.

— 23. *Mangue*, mange. — On écrivait autrefois plutôt *manjuer* que *manguer*, ainsi que le témoigne le provençal *manjuiar*.

13, 2. *Les... desjeuner*, les.... faire déjeuner.

— 4. *Quant on chasse à force*, quand on cherche à

forcer un animal. — *Forcer une pièce de gibier,* c'est la contraindre à courir pendant assez de temps et avec assez de rapidité pour épuiser ses forces, au point qu'elle tombe mourante ou qu'elle ne puisse plus échapper à la dent des chiens. (La Vallée, *Technologie cynégétique.*)

P. 13, l. 7. *Vespre* (du latin *vesper*), soir.

— 9-10, *De plus haulte heure,* plus tôt.

— 12. *Saulcer... de...,* tremper dans... bassiner, laver avec de...

— 17. *Enfondu,* probablement pour *morfondu,* galeux; car on lit dans *la Vénerie* de du Fouilloux (*Receptes pour guarir les chiens...*) : « Il y a quatre espèces de galles : sçavoir est, la galle rouge et menue, qui enfle les jambes des chiens... Desquelles galles la rouge est la pire, et plus malaisée à guarir, parce qu'elle est engendrée de *morfondeures,* que les chiens prennent l'hyver eh passant les eaux, et à coucher en lieux humides, sans être chauffez ne sechez. »

— 21-22. *Les medecines que j'ay dit en mon livre.* Voir le chapitre VI de *la Chasse* de Gaston Phœbus, intitulé : *Des maladies des chiens et de leurs conditions.*

— 22. *Mal* (avec le sens du latin *malus*), mauvais.

14, 13. *Ne,* et. — Dans l'ancienne langue, on employait parfois *ne* pour *et* et *ou.*

— — *Congnoissance,* connaissance, toute marque particulière qui se trouve au pied d'un animal, et qui peut aider le veneur à distinguer la bête qu'il chasse des autres individus de la même espèce. (La Vallée, *Techno-logie cynégétique.*)

— 14. *A celuy,* comparé à celui.

— 19. *L'en acertainer,* lui rendre sensible, lui montrer.

15, 8. *S'il pousse six cornes ou plus.* — « Autrefois

on donnait le nom de *cornes* aux armes dont est garni le front du cerf. » Plus tard « on syncopa ce mot et l'on en fit celui de *corn*, puis celui de *cor*.... Mais, lorsqu'on eut désigné les armes du cerf sous le nom de *bois*, de *ramure* ou de *tête*, que l'on eut donné une désignation à chacune des parties qui s'y développent, le nom de *cor* s'appliqua uniquement aux ramifications qui sortent de la tige principale, appelée elle-même *merrain*. Le premier *cor*, celui qui est au-dessus de l'œil, se nomma *cor andouiller*, le second le *sur-andouiller*, le troisième *chevillure* ; les autres prirent indifféremment le nom de *trochure*, *cornette*, *cheville* ou *espois*. Quelquefois aussi, par extension, on donna improprement à tous les cors le nom d'*andouillers*... On pensait autrefois qu'à chaque renouvellement de la tête du cerf, il poussait un cor de plus sur chaque merrain, en sorte qu'à la sixième année de sa vie, lorsqu'il porte sa cinquième tête, on calculait qu'il devait toujours avoir cinq cors de chaque côté, et on le nommait cerf *dix cors*. Bien qu'on ait reconnu l'inexactitude de ce calcul et qu'un cerf puisse à sa seconde ou à sa troisième tête, porter plus de dix cors, ou en porter moins de dix à sa cinquième ou au-dessus, la dénomination premièrement adoptée a été conservée. Pendant sa sixième année, un cerf est *dix cors jeunement*. Pendant la septième, il est *dix cors* ; passé cet âge, *il a été dix cors;* on dit aussi qu'il est *grand vieux cerf*..... (La Vallée, *Technologie cynégétique*, v° *Cor*.)

— 9. *Tallon*. — Le pied du cerf est composé... des *pinces*, des *côtés*, de la *sole*, du *talon* et des os ; les *pinces* sont les deux extrémités antérieures du pied ; le *talon*, l'extrémité postérieure ; les *côtés*, la circonférence ; la *sole*, le dessous du pied renfermé entre les pinces, le talon et les côtés. Les *os* sont les ergots. Séparément, ils se nomment *os* ; ensemble, on les nomme la *jambe* ; ils sont placés à environ un pouce au-dessus du talon, ou plutôt des *éponges* (corruption du mot *espondes*, que l'on trouve dans *le Trésor de vénerie*, et qui vient du bas latin *sponda*, bord), qui sont la partie postérieure du talon. Il y a de plus la comblette, qui est l'intervalle des deux parties du talon à la naissance de la fourche. On concevra aisément comment toutes ces parties font juger un cerf ; elles s'usent toutes à proportion que l'animal acquiert de l'âge. Les pinces deviennent plus rondes, quoique la totalité du pied prenne plus de volume ; le talon diminue ; les côtés, les os, s'usent en devenant plus gros ; par le poids de l'animal, la jambe se rapproche du talon. (D'Yauville, *Traité de vénerie, vocabulaire particulier du valet de limier*, v° *Pied*.)

P. 15, l. 11. *Trasses*, traces, empreintes des pieds.

16, 1. *L'ongle*, les pinces. — Du Fouilloux dit aussi : «.... Ou bien (le cerf) le pourront cognoistre par le pied, à ses fuittes, car bien souvent il fermera *l'ongle*...» (*La Vénerie*, chap. XL.) — *Et plus ouverte...* et est plus ouverte...

— 2-3. *Ne me chault* (*chaloir*, du latin *calere*, être chaud, avoir chaud, et de là désirer. — Impersonnellement, *chaloir* signifie être d'importance, causer du souci), je n'ai nul souci.

— — *Et le jugement on...* (littéralement, *et est le jugement du cerf chassable au...*), et on juge, on connaît le cerf *chassable* (bon à chasser), d'après son..

— 8. *Grever*, faire tort, nuire à l'appréciation, à la connaissance, au jugement de l'animal.

— — *Mais que*, pourvu que, si.

— 9. *Ilz*. Ce mot est une faute, Phœbus écrit y.

— 10-12. *Ne signifie.... fors que cerf....*, ne signifient.... rien autre qu'un..., indiquent un cerf...

— — *Maulpaïs*, contrée au sol mou. — En patois picard, on dit encore *mau* pour *mou*.

P. 16, l. 18. *Où il n'a de refus*, qui n'est pas jeune cerf et qu'il est par conséquent permis à un veneur d'attaquer, *chassable*. — Plus loin, page 20, lignes 9-18, l'auteur dit : « Toutesfois un grant cerf froye bien aulcunes fois en petits arbres, mais non pas continuellement ; mais *jeune cerf* ne froyera jà en gros arbre, dont il regardera plusieurs froyeis. Et, s'il veoit les signes dessusdits plus souvent au gros boys que au menu, il le puet juger pour chassable et pour cerf de X cors. Et si les froyeis sont tous communement menus et bas, non : *car il y doit avoir reffus.* » On lit aussi dans Le Verrier de la Conterie : « Mais aujourd'hui que l'on est souvent forcé d'attaquer un *daguet* (jeune cerf à sa seconde année, poussant et portant ses premiers bois, qui sont environ gros et longs comme deux fuseaux, sans andouillers), faute de pouvoir trouver un méchant cerf à la seconde ou troisième tête (*objets du mépris de nos pères*)....(*L'École de la chasse aux chiens courans, Chasse du cerf*, ch. IV.)

17, 1-2. *Et est tout quant qu'il puisse...*, et c'est tout ce qu'il peut...

— 7. *Alleures*, allures. — Les *allures* sont littéralement la manière d'aller... En vénerie, on nomme plus particulièrement *allures* l'ordre dans lequel se placent les pieds de chaque animal, en sorte que l'œil d'un veneur exercé peut, d'après la disposition des empreintes sur le sol, reconnaître l'âge, le sexe et la vigueur de l'animal qui les a laissées. (La Vallée, *Technologie cynégétique.*)

— 11. Pour l'intelligence des nombreuses qualifications données aux fumées dans ce chapitre, nous ne pouvons mieux faire que d'emprunter encore le passage suivant à la *Technologie cynégétique* du savant La Vallée. « Les *fumées* changent de nature et de forme, selon l'époque de l'année et l'âge des animaux. — *Fumées en bouzards*. Au commencement du printemps, les cerfs, qui trouvent une nourriture fraîche et plus abondante, jettent leurs fumées molles et sans consistance comme celles des vaches. On les nomme alors *bouzards*. — *Fumées en plateaux.* Vers le commencement de juin, les herbes contiennent moins de parties liquides ; les fumées des cerfs sont aussi plus solides, mais elles ne sont pas encore séparées. On les nomme *fumées en plateaux.* — *Fumées en troches* (torches). Au mois de juillet, les herbes sont devenues presque dures, les fumées ne sont point encore détachées les unes des autres, on les dit *à demi-formées* ou *en troches.* Ce mot vient de l'expression *trochet,* anciennement employée par les jardiniers pour exprimer un bouquet de fruits ou de fleurs sorti du même bouton... — *Fumées formées.* Au mois d'août, les grains sont entièrement mûrs. Alors les vieux cerfs jettent leurs fumées solides et détachées les unes des autres. On dit qu'elles sont *formées....* Au reste, la consistance des aliments que prend le cerf n'influe pas seule sur les produits de la digestion ; car, s'il en était ainsi, les animaux, de quelque âge qu'ils soient, trouvant à la même époque les mêmes aliments, devraient jeter des fumées semblables, et celles-ci ne pourraient servir à distinguer leur âge ; mais le travail, auquel se livre la nature chez le cerf pour la production d'un bois nouveau, influe d'une manière sensible sur les organes de la digestion. A mesure que la tête nouvelle du cerf acquiert du développement, les produits de la digestion deviennent plus solides. Comme les vieux cerfs commencent à refaire leur tête plus de deux semaines avant les jeunes, leurs fumées sont toujours plus tôt formées. — *Fumées aiguillonnées* (aguillonnées). Lorsque le cerf sème ses fumées entièrement formées, une des extrémités porte un aiguillon ; chez les gros cerfs cet aiguillon est court, il est plus allongé chez les jeunes ; chez les femelles les fumées sont presque toujours aiguillonnées par les deux bouts. — *Fumées nouées.* Quelquefois les fumées des gros cerfs ont une forme à peu près cylindrique et ne sont terminées par aucun aiguillon ; on dit alors qu'elles sont *nouées*. (L'auteur du *Bon Varlet* se sert du mot *deboutées*, sans bouts, sans aiguillons, sans *piccons*, sans picots.) — *Fumées moulues, fumées déliées, légères ou vaines*. Les fumées des gros cerfs sont mieux digérées et mieux moulues ; les aliments ont été mâchés avec plus de soin, on dit qu'elles sont *déliées*. Celles du jeune cerf, qui mange avec plus d'avidité, sont moins bien digérées, comme on dit, moins bien moulues (moullées) ; elles sont *légères*, comparées à celles du vieux cerf, mais celles de la biche sont encore plus légères, on dit qu'elles sont *vaines.... — Fumées en chapelet*. Quelquefois les fumées tiennent l'une à l'autre par une matière gluante qui n'est autre que de la graisse, alors on est sûr qu'elles proviennent de gros cerfs. Il est très-rare que les jeunes se chargent assez de suif pour les jeter de cette manière... — *Fumées entées* (hantées). Quelquefois les fumées des jeunes cerfs sont comprimées deux à deux et semblent n'en former qu'une seule, de manière que si le veneur ne les examinait pas attentivement, il pourrait les confondre avec celles d'un gros cerf. Mais il ne faut pas oublier qu'elles sont plus légères, moins bien moulues...— *Fumées arses....* Le cerf qui se sera recélé, pendant plusieurs jours, sans aller au gagnage, et qui aura fait son viandis de feuilles et de bourgeons, ne jettera que des fumées dures et noires, comme si elles avaient été brûlées, ce qui leur fait donner le nom de *arses*... Les fumées ne peuvent être utilement consultées que depuis les premiers jours de mai jusqu'au milieu de septembre ; passé cette époque, les fumées de tous les cerfs sont sèches et formées. »(*Technologie cynégétique*, v° *Fumées*.)

P. 18, l. 14. *Oingtues*, ointes, enduites d'une substance graisseuse qui dénote la venaison (l'état de graisse) de l'animal.

— — *Sans lymon*. Le roy Modus dit : « Sans glaire ne lymon. » (*Livre du roy Modus et de la royne Racio*, éd. Elzéar Blaze, 1839, f° VIII, verso.) Les autres auteurs ne se servent que du mot *glaires*. *Lymon* semble donc être ici un synonyme de ce mot.

P. 18, l. 18. *Le plus*, pour la plus grande partie, la plupart.

— 22. *Froieur*. — Lorsque la peau velue, recouvrant la masse cartilagineuse qui, en s'allongeant et en se durcissant, forme leur tête, se dessèche, les cerfs, pour la faire tomber, frottent leurs bois contre les arbres. On dit alors qu'ils *frayent, froyent* (*frayer, froyer*, du latin *fricare*, frotter), ou *touchent au bois*. — *Vont au froieur*, vont froyer, frayer.

19, 2. *Mais tantost*, mais bientôt.

— 3. *Frayé et bruni*. Quand la tête du cerf est dépouillée de son enveloppe velue, elle est presque blanche ; elle prend ensuite une teinte plus ou moins foncée, tantôt brune, tantôt roussâtre. On a admis longtemps que cette variété dans la coloration tenait soit à la nature des terres, soit à la sève des arbres contre lesquels les cerfs allaient frayer. (Voir Le Verrier de la Conterie, *École de la chasse aux chiens courans*, éd. 1763, pages 92-93.) Mais il est maintenant reconnu que la nature agit seule en pareil cas ; aussi, dès que la tête du cerf est parfaite, a acquis toute sa couleur, quelle qu'en soit la teinte, se borne-t-on à dire que l'animal a *frayé bruni*.

— 11. *Les froyeis*. — Du Fouilloux (*la Vénerie*, ch. XXVII) écrit le *frayouër*. — Gaston Phœbus avait dit le *froyers*. — *Froyeis* est donc une faute de copie de la part de celui qui a extrait *le Bon Varlet de chiens de la Chasse* du comte de Foix, ou un mot de patois. — On nomme, en vénerie, *fréoir, frayoir*, les déchirures faites à l'écorce des arbres par le frottement de la tête du cerf.

— 18. *Esmondé*, émondé, pelé.

P. 20, l. 1. *Trouchée*, trochée. — « Quant le bout (le sommet) de la tête est de trois ou de quatre espois, il se nomme *troucheure*. »(*La Chasse* de Gaston Phœbus, ch. I.) — Le Verrier de la Conterie dit aussi : « Toutes têtes ne portant (à leur extrémité) que quatre et trois (espois), les espois étant plantés en la sommité, tous d'une hauteur, en la forme d'une trochée de poires ou de noisettes, se doivent nommer *têtes portant trochures*. » (*L'École de la chasse aux chiens courans*, éd. 1763, p. 84, légende de la gravure 3.)

— — *Paumée*. Si les épois sont disposés comme les doigts de la main, la tête du cerf est dite *paumée* ou *portant paumure*.

— — *Pour la...*, par, avec la...

— 2. *Desrompt-il* (*desrompre*, *dérompre*, du latin *disrumpere*, briser en plusieurs morceaux, fracasser), brise-t-il en heurtant.

— 12. *Dont il...*, c'est pourquoi, aussi le veneur...

— 22. *A chef de piece*, à la fin.

21, 4. *Preinte*, pressée.

— 20. *Soulloient* (*souloir*, du latin *solere*)..., avaient coutume de, se trouvaient...

— 20-21. *De leur nature*, naturellement.

22, 8. *Iraigne*, araignée.

— 11. *Relevée*, après-dinée, soir.

— 13. *Querre* (ancienne forme de l'infinitif du verbe *querir*). chercher.

— 14. *Il en fera mieulx fin*, il arrivera plus facilement à son but, aura plus la certitude de.

— 20. *Et...*, et que...

P. 22, l. 20. *Pouldre*, poussière.

23, 5. *Semelle du pié*, le dessous du pied.

— 8. *Poise* (*poiser*, une des anciennes formes du verbe *peser*, existe encore en patois picard), pèse.

— — *Ront*, rompt.

— 11. *A plain*, complètement, d'une façon distincte.

— 12. *La pouldreuse*, la poussière, le sable.

24, 9. *Vaneurs*, veneurs.

— 10. *Petit parler*, parler brièvement, peu, être sobre de paroles.

— 11. *Ouvrer*, travailler.

— 12. *Saige*, sage.

— 14. *Publier*, divulguer avec éclat, prôner, vanter, préconiser. — L'édition de Phœbus de 1854 porte *herauder*.

— 18. *Où il...* comment, dans quels cas il...

— 19. *Mengues*, mangeures, nourritures.

— 21. *Viandes*. L'édition de Phœbus précitée porte *viander*, qui concorde mieux avec la fin de la phrase.

25, 3. *Ranger*, ou rangier, renne.

— 5. *Bestes noires*, sangliers.

— 6. *Laisses*, ou plutôt *laissées*, fientes.

— 7. *Connins*, ou connils (du latin *cuniculus*), lapins.

— — *Croctes*, crottes.

— 8. *Regnards*, renards.

— — *Tessons*, taissons (du latin *taxo*), blaireaux.

P. 25, l. 9. *Fiendes*, fientes.

— 10. *Espraintes*, épreintes.

26, 3. *Per*, pair. — *En per*, en se servant d'un nombre pair.

— 4-5. *De l'une part*, sur un de ses bois.

— 10. *Puisque*, pourvu que.

— 16. *Semée*. L'auteur du *Bon Varlet* n'a point compris Phœbus, qui avait écrit *seinhée* (pour *seignée*, du latin *signare*), marquée. La même erreur se retrouve dans d'autres auteurs. Robert de Salnove notamment dit : « Nos anciens et habiles dans l'art de la chasse se sont curieusement estudiez en toutes les choses qui en dépendent, comme d'avoir trouvé un moyen pour supputer les andoüillers de la teste du cerf tousjours en pair, encore qu'il ne s'y rencontre pas ordinairement, et que l'on dit six, huict, dix, douze, et ainsi au-dessus et au-dessous. Mais pour n'y pas manquer, lorsque le nombre pair des andoüillers ne s'y trouveroit pas (où l'on pourroit trouver à redire), ils ont adjousté au nombre non pair, par exemple, s'il avoit cinq andoüillers sur une perche, et qu'il n'en eust que quatre sur l'autre, et ainsi au-dessus et au-dessous, alors on dira dix *mal-semé*, et ainsi des autres, où le nombre seroit non pair.... » (*La Vénerie royale*, Paris, de Sommaville 1665, p. 71.)

27, 22. *Mesrien*, mairain ou merrain, tige principale de la ramure d'où sortent les différents cors... Plus le merrain est gros, plus les gouttières (stries longitudinales tracées sur le mairain) qui s'y trouvent creusées sont profondes, plus la bête qui le porte est âgée. (La Vallée, *Technologie cynégétique*, vº *Meirain*.)

— — *Antoilliers*, andouillers. — « Les branches qui sont és cornes du cerf sont appelées *andouillers* singulierement, et en general sont appelées cors. » (*Le Livre du roy Modus*, fº VII recto.)

P. 27, l. 23. *Bien chevillée,* portant de nombreux cors.

28, 1. *Ouverte.* Lorsque les deux côtés de la ramure d'un cerf s'écartent également à droite et à gauche, on dit, en vénerie, que *la tête* de l'animal *est bien ouverte.*

— 5. *Pueblée,* peuplée, garnie.

— 12. *Diverse,* on dit aujourd'hui *bizarre,* imparfaite.

— 13. *Meules.* — *Meule,* du latin *moles,* masse. — Lorsque les animaux qui portent des bois ont jeté leur première tête, et qu'ils en poussent une nouvelle, il se forme à la partie supérieure des pivots (saillies de l'os frontal, sur lesquelles poussent les bois et que l'on désigne aussi sous le nom de *bosses*) un bourrelet ou excroissance circulaire qui sert de point intermédiaire entre les pivots et le mairain. Ce bourrelet, que l'on appelle *la meule,* est garni d'aspérités osseuses nommées *pierrures* ; plus la meule est épaisse et large, plus les pierrures sont grosses, plus l'on doit juger que l'animal est âgé. (La Vallée, *Technologie cynégétique.*)

— 20. *Perches,* mairain.—« Ce qui porte les andouillers, chevilleures et espois, se doit nommer *perches.* » (Du Fouilloux, *la Vénerie,* chap. XXI.)

29, 11. *Pierreures,* pierrures. Voir la note qui correspond à la ligne 13 de la page 28.

— 17. *De telle fourme,* de même forme.

— — *Combien qu'ils..,* malgré, quoiqu'ils.

— 21. *Couronnement.* On dit qu'une tête est *couronnée,* quand ses épois sont rangés en forme de couronne.

— 22. *Et le long...,* et dans toute leur longueur.

30, 1. *Unes...,* quelques, de...

— *Combeletes,* combelètes, enfoncements, sillons,

fentes, stries. Voir ci-dessus la note de la ligne 22 de la page 27.

P. 30, l. 9. *Qui...*, qu'il...

— 17. *Pour l'apprandre de luy...* pour l'exciter, le forcer à le...

— 18-19. *Je ne le tiens mye trop à mal fait*, je ne le regarde pas comme trop maladroit, trop mal dressé.

— 21. *Moult* (de l'adverbe latin· *multum*), beaucoup, fort, extrêmement.

— 31, 1. *Estrange*, étrangère, inconnue.

— 3. *Fours*, forts, forts pays, fourrés.

— 4. *Rassener*, retourner.

— 5. *Fauldra*, manquera.

— 10. *Suir*, suivre.

— — *Luy alargir le lien*, lui rendre du *trait*. Voir notes de la ligne 7 de la page 3.

— 16. *Veez*, voyez.

— 22. *Tout quoy*, tout coi. Voir la note de la ligne 5 de la page 8.

— 23. *Du long du...* la longueur du...

32, 2. *Demourer*, reposée, lit.

— 3-4. *Estorce*, détour, ruse. — Phœbus écrit *esteurse*. — « On appelle reuse quant un cerf fuyt et refuyt sur soy; et *esteurses* aussi pource qu'il *esteurt* et garantit sa vie en·faisant les subtilités. » (*La Chasse* de Gaston Phœbus, ch. 1er.)

— 6. *S'il le dresse, il....* si le limier prend, suit la voie de l'animal, le valet...

— 8. *Son droit*, l'animal détourné. — *Le droit* est la bête que la meute doit chasser, en opposition au change que l'on ne peut suivre que par erreur. (La Vallée, *Technologie cynégétique*, v⁰ *Droit*.)

P. 32, l. 11-12. *Et les chiens doivent traire lors avant,* et les valets qui mènent les chiens de meute doivent alors les conduire en avant.

— 22-23. *Le sçachent mieux garder,* tiennent mieux à la voie de l'animal.

33, 1-2. *Tantoust,* tantôt, bientôt.

— 7. *Requérant.* — On dit : un chien est *bien requérant,* lorsqu'après un défaut il quête avec ardeur le nez à terre et prend de lui-même les devants et les arrières, afin de retrouver la voie. (La Vallée, *Technologie cynégétique,* v⁰ *Requérant*.)

— 8 *Traict au vent,* tire, va au vent. — On dit qu'un chien *va au vent,* lorsqu'au lieu de mettre le nez sur la piste, il aspire les émanations suspendues dans l'air et qu'il chasse le nez haut. (*Ibid.,* v⁰ *Aller au vent*.) — « Lorsqu'un limier commence à suivre, on doit éviter, autant qu'on le peut, de lui laisser voir les animaux et *d'aller au vent,* parce qu'il s'accoutumeroit à aller le nez haut et passeroit par dessus les voies sans s'en rabattre. » (D'Yauville, *Traité de Vénerie,* art. 1er, ch. II.)

— 13. *Musel,* museau.

— 14. *Doy,* doigt.

— 22. *Ne regardoit pas bien...,* ne prenait pas bien garde...

— 23. *Ne chemast à suyte* (l'édition de Phœbus donnée par La Vallée porte : *ne chanjast sa suyte.* — *Chemer* ou *se chemer* se disait autrefois des enfants qui maigrissent par suite de dégoût pour la nourriture, etc.), ne se dégoutât de la voie pour en suivre une autre. Voir ci-dessus la note 14 de la page 1c.

34, 8. *Remuance,* changement.

P. 34, l. 18. *Dessembler*, dissembler, être dissemblables.

35, 3. *Amendra*, amendera (littéralement, fera des progrès en mieux, se corrigera), s'échauffera.

— 11. *Huer ou corner pour chiens*, appeler les chiens de la voix ou avec la trompe.

— 13. *Abattre*, arrèter, maintenir. — « Et quand les chiens viendront à toy, si les descouple et les *arreste..* » (*Le Livre du roy Modus. Comment on doit laisser courre au cerf, quand il est trouvé du limier.*) — Le fauconnier *abat* un oiseau, quand il le tient immobile entre ses mains pour l'observer, lui mettre les entraves... ou lui faire une opération quelconque. (Chenu et des Murs, *la Fauconnerie ancienne et moderne*, Paris, Hachette 1862, p. 151.)

— 21. *Le droit lit*, le vrai lit.

36, 13. *Ou*, pour *on*, au, en.

— 15-16. *L'acueillir*, l'assaillir, l'attaquer.

> *Biau parole aux chiens, ce te di*
> *Tant qu'ils l'aient bien* acoili.
>
> (*La Chace dou cerf.*)

— 17. *Une piesse*, une pièce, un peu, quelque peu. — « Il a eu sa maison pour *une pièce* (un morceau) de pain. » (Richelet, *Nouveau Dictionnaire françois*, v° *Pièce*)

37, 3. *Baille*, donne, livre.

— 3-4 *Comme j'ay dit dessus.* « Merveilleusement est sage un vieill cerf en garantir sa vie et en garder son avantaige : quar quant on le chasse et il est laissié courre du limier, ou les chiens le trouvent en traillant sans limier, s'il ha un cerf qui soit son compaignon, il le baillera aux chiens, affin qu'il se puisse garantir, et que les chiens aillent après l'autre, et il demeurera tout coy. » (*La Chasse* de Gaston Phœbus, ch. Ier.)

P. 37, l. 9. *Chasse menée*, chasse sur, suive la voie où vont le cerf et les chiens. — Et puis se mete après et chevauchier *menée* : c'est-à-dire par où les chiens et le cerf vont. (*La Chasse* de Gaston Phœbus, ch. XLIV.)

— 19. *Briser*, rompre.

— 21. — *Hart.* On se servait autrefois d'une branche assez menue, tordue sur elle-même, appelée *hart, hard,* ou *art,* pour réunir entre elles plusieurs couples de chiens. — « ...les chiens qui ne seront laissez courre au premier seront *enhardez* par les couples à genoivres ou à autre josne bois tors.» (*Le Livre du roy Modus. Cy devise comment on doit faire et tailler les buissons pour les bestes noires de deduit royal.*)

38, 9. *Festier*, caresser, flatter.

— 14. *Requeste*, requête. — *Requéter,* c'est, lorsqu'on a perdu la voie, battre le pays où le cerf est passé afin de le retrouver. (*La Vallée, Technologie cynégétique.*)

— 17. *Dyqui*, pour *d'yqui* ou *d'iqui,* d'ici. — On dit encore, en patois picard, *ichi* et *iki* pour ici. L'espagnol *aqui,* qui a une signification identique, doit avoir la même origine que le vieux mot français *yqui.*

— 22-23. *Le dresser aux chiens,* donner le cerf aux chiens, mettre ceux-ci sur ses voies à l'aide du limier.

39, 11-12. *Trestous,* tous.

— 20. *En amont,* tournés vers le ciel. — « On corne le cerf, c'est-à-dire que tu luy mettes les cornes au long du corps et le tournes à l'envers, les quatre piedz *contremont* et que le corps soit entre deux cornes, qui doit estre envers les endoliers boutés en terre... » (*Le Livre du roy Modus. Cy devise comment on doit le cerf escorchier.*)

40, 2. *Daintiers,* testicules.

P. 40, l. 3. *Pertuys*, pertuis, trou, fente.

— — *Pel*, peau. — *La pel*, la peau des daintiers.

— — *Du coustel*, avec son couteau.

— 4. *Le bouter par…* mettre le petit pertuis ou plutôt les daintiers à…

— 4-5. *Verge que l'on appelle forche*, fourche assez longue qu'un valet tenait les branches en l'air. — *Le roy Modus* (*loco citato*) dit *fourcie*, *fourchette*. Du Fouilloux (*la Vénerie*, ch. XLIV) emploie aussi l'expression *fourchette*.

— 6. *Forches*, branches.

— 8. *Endroit*, en droit, tout droit.

— 10. *Destre* (du latin *dexter*), dextre, droit.

— 11. *Enciser*, inciser, entailler, couper.

— — *Tout en tour*, tout autour.

— 12. *Jointe*, jointure, articulation… — Phœbus dit *la joincte du pie*.

— 13. *Ou*, avec.

— 14. *Enciseure*, entaille, fente.

41, 5. *Le parement*. — « Et quand il sera à l'endroit des costez, faut qu'il leve avec la peau une sorte de chair rouge, que nous appellons le *parement*, qui vient par dessus la venaison des deux costez du corps. » (Du Fouilloux, *la Vénerie*, ch. XLIV.)

— 10. *Longes*. — « Les *longes* sont chars lacerteuses (pleines de muscles), longitudinaus, et gisent jouste les deux costés des spondilles (spondyles, vertèbres). » (H. de Mondeville, *Chirurgie*, manuscrit cité par M. Littré dans son *Dictionnaire de la langue française*, v° *Longe*.) — *Au dessoubz des longes bas*, au-dessous de la partie inférieure des longes.

P. 41, l. 23. *Coul*, cou.

42, 6. *Yssir* (du latin *exire*), sortir, couler.

— 13. *Neuz*, nœuds (morceaux de chair). — Le roy Modus (*Cy devise comment et par quelle maniere on deffaict le corps du cerf...*) se sert du mot *entoires*, et mentionne que de son temps certains veneurs disaient *jeux*. — *Nœuds*, corruption de *jeux*, ne viendrait donc pas du latin *nodus*.

— 14. *Celle*, cette.

— 15. *Joignant de*, près de.

43, 4 *Goytron*, saillie formée à la partie antérieure du cou par le cartilage thyréoïde.

— 7. *Jargel*, ou *grant jargel* (voir ci-après, page 44, ligne 1), gosier, partie intérieure de la gorge, communiquant de l'arrière-bouche à l'œsophage. — Le *jargel* est appelé gosier de ceux qui ne sont mye veneurs. *Le Livre du roy Modus, loco citato.* — Le *jargel* comprend aussi l'œsophage (canal membraneux qui s'étend du pharynx à l'orifice supérieur de l'estomac), car l'auteur ajoute : *qui est la cave*, le conduit, le canal pour les aliments.

— 9. *Erbiere*, herbier, premier estomac des ruminants.

— 10. *Bouel*, canal, boyau, peut-être aussi sac, poche.

— 15. *La viande*, la nourriture, les aliments.

— 21. *Sans les descoupper pour les descharner*, sans les couper pour les séparer.

44, 4. *Veigne*, vienne.

— 5. *Tail*, taille, coupure, incision.

— 7. *Paviler*, pour *paniler* ou *peniler*, pénil, partie antérieure de l'os pubis et inférieure du ventre.

P. 44, l. 12. *La pance et la bouelle*, la panse (l'estomac) et les boyaux (intestins).

— 15. *Bouel culier*, rectum.

45, 5. *Foul*, fol. — L'expression *foul li lesse* indique la délicatesse de la chair du *collier*.

— 13. *Euvre*, ouvre.

— 21. *Chée*, tombe.

46, 1. *Fiere* (une des anciennes formes indicatives du verbe *férir*), frappe avec.

— 7. *Neu*, nœud, vertèbre.

— 10. *Coustes*, côtes.

— 11-12. *Reez à reez* (pour *rez-à-rez*) *des*, tout près des, contre les, au ras des.

47, 6. *Aforche*, mets en fourche, croise.

— 11-12. *S'il a bonne venaison*, s'il est gras et bien en chair.

48, 4. *Joes*, joues.

— 9. *Vendra*, viendra.

— 11-12. *Et pour ce....*, aussi on les appelait autrefois les droits du seigneur.

— 13. *Faire le droit au limier*, donner au limier certaines parties de la bête qui, selon les règles de la vénerie, lui étaient réservées.

— 14. *Cuyrée*, curée. Voir, page 70, lignes 8-10, l'étymologie que Phœbus donne du mot *cuyrée*.

49, 5. *Pouvres*, pauvres, en mauvais état.

— 6. *Droiz des vaneurs...* — Dans sa *Vénerie royale*, ch. LX de *la Chasse du cerf*, Salnove donne de curieux détails sur les droits du roi, du grand veneur, des gentilshommes de la vénerie, des valets de chiens, etc.

P. 49, l. 21. *Revirées,* retroussées.

5o, 1. *Fouillée,* feuillée, bois. Voir ci-dessus, page 42, lignes 1-6.

'— 18-19. *Ferir de verges aux chiens,* frapper, menacer les chiens avec les verges (houssines).

— 20. *Basset,* sans *fort huer,* comme fait celui qui tient les *bouelles.*

51, 5. *Le demourant,* le demeurant, le reste.

— 5-7. *Corner... prise,* sonner de la trompe pour annoncer la prise de l'animal.

— 18-19. *De fort loing.* Phœbus écrit *de fort ionge.*

52, 10. *Tenir sur,* aller, empiéter sur.

— 19. *Russel,* ruisseau.

— — *Lez* (du latin *latus*), côté. — *De lez,* de côté, à côté, tout contre. Voir ci-après, page 73, ligne 9, où l'auteur appelle *lez* les côtés, les flancs d'un sanglier.

53, 8. *Touailles,* toiles.

— 10. *Fouaison,* foison.

— — *Povoir,* pouvoir, fortune.

— 12. *Sur piez,* debout.

— — *Acouté,* accoudé. — On disait autrefois *coute* pour *coude.* Cette forme se rapproche plus du latin *cubitus.*

— 13. *Jangler,* jongler, chanter. — On donnait originairement le nom de *jongleurs* aux *ménestrels* ou *ménestriers* qui composaient et chantaient des poèmes, des chansons et des fabliaux. Voir Littré, *Dictionnaire de la langue française,* v° *Jongleur.* — Au chapitre XIX de son livre, Phœbus dit aussi : « Aucuns chiens corrans sont qui crient et *janglent* quant sont lessiés courre.... » Dans une annotation à ce passage, La Vallée traduit *jangler* par *babiller;* peut-être faut-il encore attribuer ici le même sens à ce verbe.

P. 53, l. 13. *Bourder,* dire des bourdes, faire des plaisanteries, raconter des histoires plus ou moins vraies.

— 14. *Brief,* bref.

54, 1. *Ne lequel...* ou lequel...—Voir la note de la ligne 13 de la page 14.

— 2. *Muete,* meute. — *En meilleur muete.* Lorsqu'un cerf est détourné dans un endroit avantageux pour donner les relais, on dit *: Il faut aller attaquer ce cerf, c'est une belle meute.* (D'Yauville, *Traité de Vénerie, Vocabulaire général de la chasse du cerf,* v° *Meute.*)

— 4. *Levriers et deffences.* Les veneurs peu passionnés pour le laisser-courre prenaient le cerf par *mestrie,* c'est-à-dire par ruse, à l'aide de haies entrecoupées de lassières ou avec des rets (grands filets nommés aussi *toiles*). Voir la note de la ligne 9 de la page 11.— Dans ces sortes de chasses, des laisses de lévriers, de nombreux rabatteurs (*défenses*), gardaient les enceintes ; par leur présence empêchaient l'animal d'en sortir ; puis, à un moment donné, venant au secours de la meute des chiens courants, ils le rejetaient sur les haies ou les rets qui arrêtaient sa fuite. Voir *la Chasse de Gaston Phœbus,* ch. LX, et Clamorgan, *Chasse du loup,* ch. IX.

— 5-6. *Et aultres choses, lesquelles je diray plus à plain quant parleray du veneur.* Ceci semble être un renvoi au chapitre LX de *la Chasse* de Phœbus, intitulé : *Cy devise à faire hayes pour toutes bestes,* et qui ne se trouve pas dans *le Bon Varlet de chiens.*

— 9. *Sangler,* sanglier.

— 18-19. *Porc en tiers an.* — Les sangliers venant

au monde s'appellent *marcassins,* leur mère se nomme *laie.* Au bout de six mois, et depuis six mois jusqu'à un an, ces mêmes marcassins sont dits *bêtes rousses,* parce qu'alors ils ont le poil roux ; quand ils ont un an fait, ils 'se disent *bêtes de compagnie* ; pendant toute leur deuxième année ils n'ont point d'autre nom. (Les jeunes porcs sauvages qui n'ont pas atteint leur seconde année vivent avec les femelles, de là le mot *bêtes de compagnie.*) Depuis la deuxième année jusqu'à la troisième, ils sont dits *ragots.* Lorsqu'un sanglier a trois ans faits, il se dit *sanglier à son tiers an* ; il continue de s'appeler ainsi jusqu'à ce qu'il en ait quatre. Un sanglier qui a quatre ans faits s'appelle *quartannier* ; il porte ce nom jusqu'à sa cinquième année. Quand il a cinq ans faits, il se nomme par quelques-uns *quintannier,* et par d'autres, *vieux sanglier,* après quoi il n'acquiert plus d'autre nom que celui de *vieux* ou *grand-vieux sanglier* ; pour lors, il aime à être seul... (Le Verrier de la Conterie, l'*Ecole de la Chasse aux chiens courans,* p. 194.)

P. 55, l. 2. *Faison,* façon.

— 7. *Fayne,* faîne, fruit du hêtre.

— 13. *Gaignaiges.* Ce mot, vu sa position dans la phrase, paraît devoir signifier : autres terres ensemencées, autres récoltes.

— — *Flours,* fleurs, plantes en fleur. — La même expression se retrouve dans l'édition de *la Chasse* de Phœbus, donnée, en 1854, par le savant J. La Vallée. Néanmoins on se demande si elle ne serait pas une faute de copiste, et s'il ne faudrait pas lire *feurs* (pluriel de *feur* ou *feurre,* qu'on prononçait autrefois fouare), plantes fourragères.

— 15. *Fouche,* ou *fouge,* du latin *fodicare,* percer, dérivé de *fodere,* fouir. — « Il faut entendre que toutes espèces de fruits qu'il (le sanglier) peut manger sans *fouger* se doivent nommer mangeures, et toutes les autres choses, où il lève la terre avec le nez (autrement appelé boutoüer) pour avoir les racines, se doivent nommer *fouge.* »(Du Fouilloux, *la Vénerie,* ch. XLVIII.)

P. 55, l. 17. *Esperge,* asperge, probablement les diverses espèces d'asperges sauvages : *l'asparagus officinalis, l'asparagus tenuifolius* et *l'asparagus acutifolius* (de Lamarck et de Candolle, *Flore française,* t. III, p. 175). — Page 60, ligne 20, on trouvera *esparge.*

— 22. *Baux,* bauge, lit.

— — *Soueil,* souil ou souille (du latin *suillus,* ce qui appartient, ce qui est propre au porc), endroit bourbeux où le sanglier se vautre.

56, 4. *Soulle,* sole. — Voir, pour l'explication des diverses parties du pied du sanglier, celle que nous avons donnée plus haut, note de la ligne 9 de la page 15.

— 5. *Os.* Du Fouilloux (*la Vénerie,* ch. XLIX) les appelait les *gardes,* et depuis lui ce dernier mot est seul resté usité en vénerie. — « On peut facilement distinguer le sexe de l'animal à l'empreinte que les gardes laissent en terre. La femelle les porte plus aiguës et moins écartées l'une de l'autre ; lorsqu'elle marche, elle pique souvent les gardes en terre. Le sanglier, au contraire, les a plus grosses, plus rondes ; elles s'écartent des deux côtés, et accompagnent chaque trace (empreinte du pied) à droite et à gauche, comme deux portions de croissant. » (La Vallée, *Technologie cynégétique,* v° *Gardes.*)

— — *Qu'ilz...* que les os...

— 16. *Parfont,* ou plutôt *parfond,* profondément.

— 8-9. *Car à grand peine verra-l'en... que on n'en voye...,* car difficilement on verra.... sans en voir aussi....

— 11-12. *Que on n'en verra jà...,* sans en voir certainement...

P. 56, l. 12. *Et du sangler, non,* et il n'en est pas ainsi du sanglier.

— 13. *Qui ne...,* que ne...

— 14. *Du cerf,* chez le cerf ou ceux du cerf.

— 16. *Tantoust que,* chaque fois que.

56-57, 23-1. *Et de moins moins,* et, quand il verra les signes ci-dessus moins grands, il jugera l'animal moins grand sanglier, moins âgé.

57, 1. *Encontre le...,* comparativement, relativement au...

— 8-9. *Mais qu'il ait,* mais s'il a.

58, 4. *Atre,* sol. — Phœbus écrit *terre.*

— 10. *Si,* aussi, ainsi.

— 14. *Et amont et aval,* en haut et en bas.

59, 5. *Fors tant comme...* excepté si...

— 8. *Grez,* grès — On donne aux crocs de la mâchoire supérieure du sanglier le nom de *grès* ou de *limes,* parce qu'il s'en sert pour aiguiser les crocs de la mâchoire inférieure, que l'on appelle les défenses. (La Vallée, *Technologie cynégétique,* v° *Grès.*)

— 9. *Dents,* défenses. Au chapitre IX de sa *Chasse,* intitulé : *Du sanglier et de toute sa nature,* Phœbus les appelle *armes* ou *limes.*

— 10. *Demy coute,* demi-coudée. — Les défenses du sanglier atteignent rarement la longueur d'une demi-coudée. Néanmoins, cette dimension n'est pas exagérée. Dans un article de M. Léon Bertrand sur le sanglier (*Journal des chasseurs,* 1re année, p. 174), on lit ce passage : « C'était un vieux solitaire, le plus gros de ceux que j'aie vus. La hure était monstrueuse, et les défenses, que j'ai conservées comme curiosités, avaient huit pouces neuf lignes (0,237). » C'est-à-dire une demi-coudée moins trois lignes. *La Chasse* de Gaston Phœbus, éd. de La Vallée, page 139, *note*. — La coudée avait la longueur du bras depuis le coude jusqu'à l'extrémité du doigt du milieu

P. 59, l. 14. *Et de moins moins*, et moins les dents (défenses) sont longues, larges, etc., moins il y a signe (apparence) que l'animal est grand sanglier et vieil.

61, 5. *Faillées*, faillies. — *Leur sont faillées*, leur font défaut.

— 11-12. *Mais que de bas ayt aulcun..* , si dans un endroit moins élevé il n'y a aucun...

— 17. *Ne puet trop grever*, cela ne peut être trop nuisible.

— 17-18. *Car il est de bon raproucher, meilleur que...*, car il est plus facile à rapprocher que... — *Rapprocher*, suivre pied pour pied les voies d'une bête qui a beaucoup de devant (d'avance). (Le Verrier de la Conterie, *l'École de la chasse aux chiens courans, Dictionnaire des termes de chasse.*)

— 21. *Auoient*, oient. — *Aouir, auoir* et *auir* sont des formes picardes de ouïr.

62, 8. *Preigne autour*, fasse son enceinte.

63, 5. *Rousser*, rôtir.

— 8. *Enferrer* (Phœbus écrit *ferir*), frapper, tuer.

— 10-11. *Luy vient courre sur le visaige*, lui vient courir droit sus. Du reste, Phœbus dit :... *li vient courre sur visaige à visaige.*

— 13. *De sa bride*, de la bride de son cheval.

63-64, 19-1. *Chevaucher court ainçoys que long : car il est plus aise, et moins en griefve son cheval*, avoir les étriers plutôt courts que longs, car de cette manière, il est plus à l'aise et fatigue moins son cheval.

P. 64, l. 7. *Delivre*, dégagé. — *Delivre en toutes armes*, maniant plus facilement toutes armes. Phœbus écrit *delurré.*

— 10. *Dessoubz main*, en tenant l'arme, la main placée au-dessus.

— 12. *Jouster*, jouter.—*Comme s'ilz vouloient jouster*, comme ils feraient avec une lance dans une joute, dans un tournoi. — La gravure du chapitre LIV de *la Vénerie* de du Fouilloux montre que l'épieu des anciens veneurs était assez long et ressemblait beaucoup à celui décrit de la manière suivante par Baudrillart : « L'épieu est une arme dont on se sert encore dans certains pays, pour tuer les sangliers et les ours. Elle se compose d'un fer, d'une traverse et de la hampe. Le fer est en forme de pique, long de 8 à 9 pouces, large dans son milieu de 2 à 3 pouces, aigu sur ses côtés et pointu à son extrémité. Ce fer a une douille, dans laquelle s'enfonce le bout du manche ou de la hampe. Cette hampe doit être en jeune bois de refente, essence chêne ou frêne, et sa longueur hors de la douille doit être de 4 pieds et demi à 5 pieds. On lui donne 1 pouce et demi de diamètre près du fer, et sur le reste de la longueur 1 pouce 3 lignes ; et, pour pouvoir la tenir plus fermement, on y attache, avec des clous de sellier, de petites bandelettes de cuir de 6 lignes de large, qui s'entre-croisent les unes sur les autres. Mais, pour que le fer ne pénètre pas trop avant dans l'animal, on attache, à l'endroit où se termine la douille, une traverse qui consiste en une pointe de bois de daim, ou un andouiller de bois de cerf.... » (*Dictionnaire des chasses*, v° *Épieu.*)

— — *Nices* (selon le *Dictionnaire* de M. Littré, *nice* viendrait du latin *nescius*, qui ne sait pas), simples, d'un ignorant, mauvaises.

— 14. *Aux abois*, quand le sanglier est aux abois. — En termes de vénerie, on dit qu'une bête *est aux abois* ou *tient les abois*, lorsque, fatiguée de courir, elle s'arrête et fait tête aux chiens. Si elle tombe, on dit qu'elle *tient les derniers abois*. (Baudrillart, *Dictionnaire des chasses*, v° *Abois*.)

P. 64, l. 16. *Allans*, ou *alans veautres*, que l'on appela plus tard *vaultres* et même *vaultrets*. — Phœbus, dans son chapitre XVII, *De l'Alant et de toute sa nature*, dit: « *Alanz* est une nature et maniere de chiens; et le uns sont que on appelle *alanz gentils;* les autres sont que on appelle *alans veautres;* les autres sont *alans de boucherie*. Les alans gentilz si doivent estre fez et taillés droitement comme un levrier de toutes sortes, fors de la teste, qui doit estre grosse et courte.... L'autre nature d'*alans veautres*, si sont auques (aussi) taillez comme leide taille de levrier; mes ils ont grosses testes, grosses levres et granz oreilles; et de cez (ceux-ci), si s'aide l'en très-bien de chassier les ours et les porcs ; quar ils tiennent de leur nature fort ; mes ils sont pesans et lez; et s'ils muerent d'un sanglier ou d'un ours, ce n'est mie trop grande perte ; et meslez avec levriers qui puissent, sont bons ; quar quant ils ateinhent, ils lient la beste et la tiennent tout quoy. Mes par eulx mesmes ils ne l'ateindroient jà, se levriers ne metoient la beste en destri (détresse). » — Dans les notes de *la Chasse du loup* de Clamorgan (p. 113, éd. du *Cabinet de Vénerie*), nous avons cité, d'après La Vallée (*la Chasse à courre en France*, p. 29), un passage de l'*Arte de ballestria* de Martinez de Espinar, qui se rapporte assez bien à l'*alan veautre* décrit par le comte de Foix. — Gratius Faliscus (*Cynegeticon*) parle du *vertrahus* « marqué de taches fauves, plus prompt que la flèche et la pensée ». Martial (*Epigr.*, l. XIV, 200) dit de son côté :

> *Non sibi, sed domino venatur* vertagus *acer*
> *Mœsum leporem qui tibi dente feret.*

Dans la loi Gombette, on lit aussi (*Legis Burgundionum addimentum primum*, tit. X) : «Si quis canem *veltraum...*

præsumpserit involare, jubemus ut convictus coram omni populo posteriora ipsius osculetur. « Enfin la loi Salique (tit. VI, art. 1 et 2) nous montre les Francs se servant d'un chien appelé *velter*, et qu'ils nommaient *porcarius* ou *leporarius*, selon l'animal à la chasse duquel il était destiné. Les mots *veautre*, *vaultre*, viennent donc de *velter* ou de *veltraus*, qui n'étaient eux-mêmes que des corruptions de *vertrahus* ou de *vertagus*, expressions employées par les Romains.

P. 64, l. 22. *Meshaigné*, mutilé, estropié.

— 23. *Conquerre*, conquérir, avoir.

65, 3. *Croysié*, croisé, muni d'une traverse. Voir la note de la ligne 12 de la page 64.

— 9. *A ce qu'il a...* comme il a...

— 16. *Mestier*, métier, besoin.

— 20. *Gauchir*, se détourner, tourner.

— — *Ores d'une part et d'aultre*, tantôt d'un côté, tantôt d'un autre.

— 21. *Lesser*, laisser, quitter, abandonner.

66, 8. *Acoursies*, raccourcies, tenues courtes.

— 9-10. *Et doit avoir son épée de long de quatre piés d'allemelle*, et son épée doit avoir une lame de 4 pieds de long. — *Allemelle*, lame. — Selon La Curne de Sainte-Palaye (*Dictionnaire historique de l'ancien langage françois*, v° *Alumelle*), du latin *lamella*, diminutif de *lamina*, on aurait fait la lemelle, l'*allemelle* et par corruption alumelle ou *alumelle*, qui se trouve notamment dans Cl. Gauchet, *le Plaisir des champs*, *l'Esté*, *la Chasse du cerf*, vers 891.

— 11. *La croix*, la garde, qui n'était alors qu'une simple barre transversale.

— 12-14. *On doit ferir le sangler..... à la droite*

main, on doit frapper le sanglier à droite, dans le flanc droit....

P. 66, l. 14. *Le pis,* la poitrine.

— 17. *Ne fera jà mal coup,* ne pourra déjà porter un mauvais coup.

— 19. *Plaiez,* ayant des plaies, blessés.

— 22. *De tant que...,* de plus, plus que...

— 23. *Maistrise,* maîtrise, qualité, science, art.

67, 3. *Ferir des esperons,* piquer son cheval des deux éperons à la fois, piquer des deux.

— 6. *Et s'en passer oultre,* et passer outre.

— 17. *Ventriant.* La Vallée, au même passage de *la Chasse* de Gaston Phœbus (p. 220), écrit aussi *ventriant,* tout en indiquant dans une note que le manuscrit dit de Neuilly (ayant appartenu au roi Louis-Philippe, et actuellement déposé à la Bibliothèque Nationale) porte *vautriant.* — *Ventriant, vautriant,* signifient : en se mettant le ventre contre terre, se vautrant, et par suite en se faufilant, en rampant à travers bois. — Le chapitre LXII de *la Chasse* de Phœbus, qui complète, en la reproduisant, la fin de celui-ci, est ainsi conçu : « Ci devise comment hon puet prendre sengliers à *veautriers.* — Aussi puet hon prendre les sangliers à *veautrier* qui se fet en tel maniere. Quant en une forest hon sçet qu'il ha de la glant ou fayne, les sengliers, truyes et aultres porcz, qui se relievent à l'entrée de la nuyt, vont là pour fere leurs menjures. Donc doit celuy qui veult *veautrier* aler après le premier somme de la nuyt, à tous mastins, alans et levriers audessoubz du vent de là où il sçet que les menjures sont ; et doivent estre six compaignons ou plus ; et chascun doit tenir deux ou trois chiens, et en doivent lessier aler un. Et celuy ira tantost trouver les sangliers, quar il a le vent au nés et les abayera, et ilz ne s'en boudʼeront (bougerónt) jà pour le chien tout

seul, espicialement, car ilz auront le vent au contraire,
qu'ilz n'orront ne sentiront riens ne de chiens ne de
gens. Et dès que les compaignons orront abayer, ilz
doivent leissier aller tous leurs autres chiens sans crier
ne faire noise, et courre après à tous leurs espieux, et
trouveront qu'ils en aront prins un ou deux ou plus. —
Dans *la Chasse à courre en France*, p. 348, La Vallée
donne aussi à *ventriant* le sens de *prenant le vent*.

P. 68, l. 16. *Ainçoys qu'il...*, avant qu'il...

— 19-20. *Les deux messelieres dessoulz et dessus*, les
deux mâchoires. — *Messeliere*, du latin *maxillaris*,
venant de *maxilla*. — Dans ses *Recherches sur l'histoire
du langage et des patois de Champagne* (t. II, p. 85),
P. Tarbé cite *maisselle*, *maixelle*, joue, visage.

69, 23. *Aux derrieres*, aux jambes de derrière.

70, 6. *Fouaillé* (*fouailler*, du bas latin *focale*, venant de
focus, signifiant tous deux foyer, bûcher), mis sur le feu,
flambé. — P. Tarbé (*loco citato*, p. 63) donne aux vieux
mots *foaille*, *foille*, les acceptions de feu, étincelle.

— 7. *Fouail*, fouaille.

— 13. *Arde* (*arder*, *ardre* ou *ardoir*, du latin *ardere*),
brûle.

— 18. *Suites* (de *sus*, porc), testicules.

71, 5. *Tortant*, tordant, tournant.

— 21. *En equarrie*, probablement, en taillant, cou-
pant le cuir à angle droit.

72, 14. *Glainner*, l'estomac, la panse. — Phœbus écrit
glanier. — *Glainner* et *glanier* viennent de *gland*, fruit
dont se nourrit le sanglier.

— 15. *Ratelle*, rate.

— 16. *Doit estre des...* appartiennent aux..., font
partie des *droits* des....

— 19. *Serve*, sert, frappe. — Phœbus dit *tue*. —

Servir signifie aujourd'hui, en vénerie, mettre fin aux angoisses d'un animal, abréger son agonie, en le tuant d'un coup de fusil, d'un coup de carabine, ou en le frappant avec le couteau de chasse.

P. 72, l. 23. *Vessel* (du bas latin *vascellum,* diminutif de *vas*), vaisseau, vase.

— 73, 1-2. *Tourner le sanglier à ventrillons,* mettre le sanglier sur le ventre.

— 9. *Lez.* Voir ci-dessus les notes correspondant à la ligne 19 de la page 52.

— 10. *Bourbeillier,* bourbelier. Ce nom a été vraisemblablement donné à la poitrine du sanglier, parce que l'animal aime à se vautrer dans la bourbe.

74, 15. *Faire plateaulx tout au tour du pain,* couper le pain tout autour par tranches plates. — Dans le *Livre du roy Modus...* (chap. *Comment on fait le fouail aux chiens*), dont Phœbus s'est ici plus qu'inspiré, il est dit : « Et quant tout est cuit, on prent du pain selon ce qu'il y a de chiens et en sont faictes *tottées* (ou plutôt *tostées,* du verbe *toster,* rôtir, chauffer, rôties de pain).

— 16. *Moueller,* mouiller, tremper.

75. 20. *Ressuer,* ressuyer, sécher.

TABLE

———

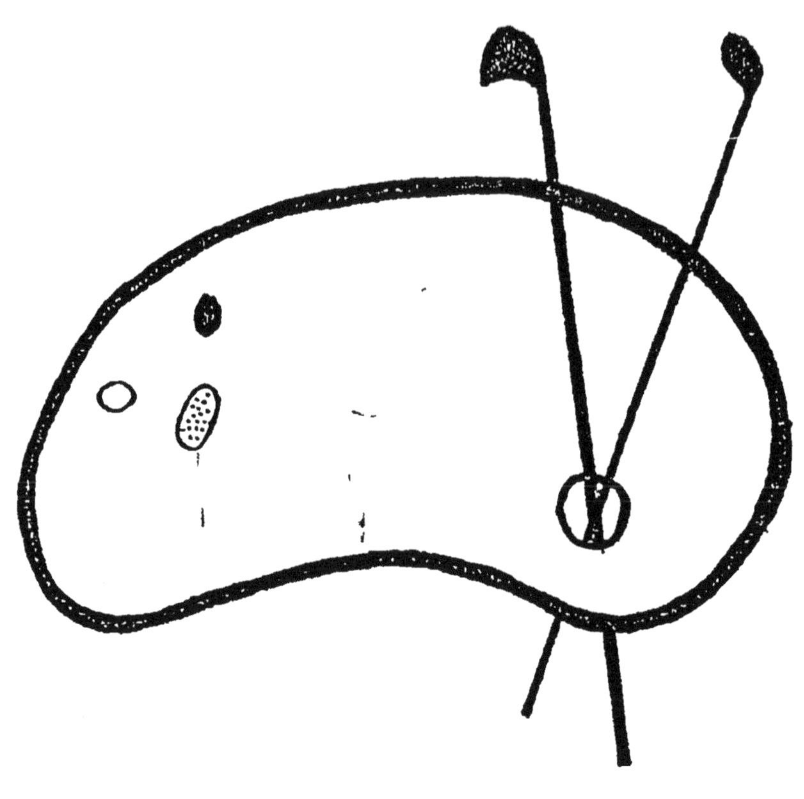

ORIGINAL EN COULEUR